**Dr. U. Sivagamasundari**

**Capacidade de promoção do crescimento de endófitos bacterianos em S. melongena L.**

Dr. U. Sivagamasundari

# Capacidade de promoção do crescimento de endófitos bacterianos em S. melongena L.

ScienciaScripts

**Imprint**

Any brand names and product names mentioned in this book are subject to trademark, brand or patent protection and are trademarks or registered trademarks of their respective holders. The use of brand names, product names, common names, trade names, product descriptions etc. even without a particular marking in this work is in no way to be construed to mean that such names may be regarded as unrestricted in respect of trademark and brand protection legislation and could thus be used by anyone.

Cover image: www.ingimage.com

This book is a translation from the original published under ISBN 978-620-7-84482-1.

Publisher:
Sciencia Scripts
is a trademark of
Dodo Books Indian Ocean Ltd. and OmniScriptum S.R.L publishing group

120 High Road, East Finchley, London, N2 9ED, United Kingdom
Str. Armeneasca 28/1, office 1, Chisinau MD-2012, Republic of Moldova, Europe
Printed at: see last page
ISBN: 978-620-7-98128-1

# Estudo da potencialidade promotora de crescimento de endófitos bacterianos - *Pseudomonas fluorescens* e *Azospirillum brasilense* em *Solanum melongena* L. Var. *Annamalai*

**Dr. U. Sivagamasundari M.Sc. Ph.D.**
**Professor Assistente, Departamento de Ciências da Vida**
**Colégio Kristu Jayanti (Autónomo),**
**Bengaluru - 560077**

# PREFÁCIO

Este livro aprofunda o potencial de dois endófitos bacterianos encontrados em *Solanum melongena* L.: *Azospirillum brasilense* e *Pseudomonas fluorescens*. A variedade e complexidade dos organismos endofíticos que vivem com as plantas é surpreendente. Ocupam geralmente uma posição privilegiada no interior da planta e melhoram a sua saúde. Há muito que se acredita que certas populações microbianas endofíticas actuam como mutualistas, protegendo as plantas de stresses bióticos. Os endófitos são essenciais a todas as espécies de plantas para defesa, alimentação e sustento. Nos últimos anos, tem-se assistido a um aumento do interesse pela agricultura sustentável devido à utilização de inoculantes microbianos ou de culturas microbianas cultivadas em laboratório. Resumidamente, os dados indicam que a futura direção da aplicação de biofertilizantes para a produção sustentável de culturas deve ser a co-inoculação de culturas de bactérias promotoras do crescimento de plantas com qualidades benéficas distintas. Embora os isolados bacterianos endofíticos da presente investigação, *Azospirillum brasilense* (AORU5) e *Pseudomonas fluorescens* (PBRU5), se mostrem promissores para promover o crescimento da brinjal, são necessários testes de campo mais extensos destes isolados em várias condições agroclimáticas para confirmar a sua adequação para formulação como biofertilizantes eficientes para a produção sustentável de culturas.

.

# RECONHECIMENTO

É a altura ideal para agradecer ao Todo-Poderoso por me ter dado saúde, paz de espírito e força de vontade para concluir o meu trabalho com êxito. É com orgulho que tenho o privilégio de expressar os meus sinceros agradecimentos e um profundo sentido de gratidão ao meu mentor, o **Dr. A. Gandhi**, Professor Assistente, ala de Botânica - DDE, Universidade de Annamalai, pela sua orientação especializada, interesse sustentado, encorajamento e apoio constante para realizar e concluir este estudo com êxito.

A minha profunda e especial gratidão ao **Dr. A. Arumugam**, Professor e Diretor do Departamento de Botânica da Universidade de Annamalai, pelo seu apoio constante e pela disponibilização das instalações necessárias que me ajudaram a equilibrar com êxito as exigências concorrentes do meu trabalho de investigação.

Expresso os meus agradecimentos especiais ao **Dr. V. Venketesalu**, Professor e Chefe da Ala de Botânica-DDE, ao **Dr. P. Thamizhiniyan**, Professor de Botânica, ao **Dr. Ravimycin** e ao **Dr. Chandrasekaran**, Professor Assistente de Botânica, ao pessoal docente e não docente do Departamento de Botânica e da Ala de Botânica-DDE da Universidade de Annamalai pela sua ajuda e incentivo em tempo útil ao longo do meu trabalho de investigação. Expresso a minha gratidão ao **Dr. K.L. Narasimhan**, Diretor do Departamento de Fitotecnia, e também ao **Dr. N. Nadimuthu**, ao **Dr. K. Sambandan**, ao **Dr. Vikrant** e ao **Dr. C. Baskaran**, Professores Assistentes do Departamento de Fitotecnia do Avvaiyar Govt. College for Women, Karaikal, pelo seu incentivo ao longo do meu trabalho de investigação.

Os meus sinceros agradecimentos à **Dra. A. Shakila**, Professora de Horticultura, pela sua orientação na conceção da experiência de campo, e ao **Dr. N. Ramanathan**, Professor e Diretor do Departamento de Microbiologia, Faculdade de Agricultura, Universidade de Annamalai, por me ter fornecido as instalações laboratoriais necessárias para a caraterização bioquímica dos isolados bacterianos. Expresso os meus sinceros agradecimentos ao **Dr. A. Murugan,** Professor Associado, Departamento de Microbiologia, Universidade de Periyar, Salem, pela sua orientação especializada na caraterização molecular dos isolados bacterianos. Agradeço também aos funcionários do laboratório de análises do solo, Karaikal, Departamento de Agricultura, Pondicherry, pela sua ajuda na análise das amostras de solo.

As palavras não são suficientes para exprimir os meus agradecimentos aos meus pais, **Sr. A. Utharanan** e **Sra. U. Usha**, pelo amor e afeto que me deram para chegar a esta posição. Expresso a minha profunda gratidão ao meu irmão, **Sr. U. Madhan**, ao **Sr. A. Sekar** e ao meu amado marido, **Sr. A. Muthukumaran**, ao meu sogro, **Sr. G. Anbazhagan**, e à minha sogra, **Sra. A. Geetha**, pela sua grande ajuda, encorajamento e apoio ao longo do meu estudo.

Expresso os meus sinceros agradecimentos à **UGC-New Delhi** por me ter oferecido a bolsa UGC BSR, que me ajudou a concluir com êxito o meu trabalho de investigação sem qualquer problema financeiro.

# ÍNDICE DE CONTEÚDOS

# 1. INTRODUÇÃO

Tem sido feita uma quantidade significativa de investigação sobre as interações benéficas entre micróbios e plantas que apoiam o crescimento e a saúde das plantas. Fundamentalmente falando, endófito refere-se apenas à localização de um organismo; "endo" significa "dentro" e "phyte" significa "plantas". Assim, os organismos que residem no interior das plantas são referidos como endófitos (Wilson, 1995). Os organismos mais prevalentes que estão ligados ao termo "endófito" são os fungos e as bactérias. As criaturas endofíticas que coexistem com as plantas são diversas e complexas. Os microrganismos endofíticos normalmente melhoram a saúde das plantas e ocupam um nicho comparativamente privilegiado dentro das plantas. Há muito que se pensa que algumas comunidades microbianas endofíticas funcionam como mutualistas, protegendo as plantas de factores de stress biótico.

Os endófitos e os seus hospedeiros podem ter evoluído em conjunto para resistir a factores de stress ambiental. Nos últimos 20 anos, os endófitos têm sido procurados como fontes importantes de novos produtos químicos bioactivos (Tadych e White, 2009). Foi demonstrado que alguns endófitos podem reforçar a resistência das plantas às doenças e impulsionar o desenvolvimento através da fixação de azoto (Chelius e Triplett, 2000).

De acordo com Faeth e Fagan (2002), certos endófitos bacterianos tiveram origem em comunidades bacterianas da filosfera observadas no filoplano, sementes infectadas com endófitos e material vegetal. Uma vez que as bactérias endofíticas dependem dos nutrientes fornecidos pelas suas plantas hospedeiras, os parâmetros que alteram o fornecimento de nutrientes às plantas também terão um impacto nas comunidades endofíticas. Por conseguinte, as comunidades endofíticas seriam indiretamente afectadas por elementos físicos, incluindo a temperatura, a precipitação, os factores edáficos e a radiação UV. Estes elementos terão efeitos semelhantes nos microrganismos do filoplano e da rizosfera (Sturz *et al.*, 2000).

Além disso, as populações endofíticas são indiretamente afectadas por variáveis químicas e físicas do solo. A fonte bacteriana endofítica pode ser pré-selecionada em resultado de alterações das bactérias saprófitas na rizosfera causadas por variáveis como o pH, o sal e a textura do solo (Sturz *et al.*, 2000). De acordo com

Hallmann *et al.*, (1997), as bactérias endofíticas são aquelas que são encontradas "no interior de plantas desinfectadas à superfície ou extraídas de tecidos vegetais e não têm efeitos visivelmente prejudiciais nas plantas. "Embora a zona radicular seja a principal via pela qual os endófitos penetram nos tecidos vegetais, também podem entrar através das partes aéreas da planta, incluindo os caules, as flores e os cotilédones (Kobayashi e Palumbo, 2000).

Para ser mais exato, as bactérias penetram nos tecidos através dos estomas (Roos e Hattingh, 1983), raízes secundárias (Agarwal e Shende, 1987), radículas em germinação (Gagne *et al.*, 1987), ou danos foliares (Leben *et al.*, 1968). Os endófitos podem espalhar-se por toda a planta ou ficar isolados no local de entrada (Hallmann *et al.*, 1997). De acordo com Jacobs *et al.*, (1985), Patriquin e Dobereiner (1978), e Bell *et al.*, (1995), estes microrganismos podem viver dentro das células ou no sistema circulatório. Foram documentadas diferenças notáveis nas populações de endófitos nativos e introduzidos. Estas diferenças são explicadas pelo ambiente, tempo de amostragem, tipo de tecido, idade e origem da planta. De acordo com Lamb Tonkyn e Kluepfel (1996), as populações bacterianas são geralmente mais elevadas nas raízes e mais baixas nos caules e nas folhas. O crescimento das plantas é facilitado por bactérias rizosféricas e endofíticas. As bactérias endofíticas encontram-se no tecido vegetal a uma densidade inferior à dos agentes patogénicos bacterianos e das bactérias rizosféricas (Guo *et al.*, 2008).

As colónias de bactérias epifíticas da rizosfera do filoplano são os antepassados das bactérias endofíticas. As bactérias endofíticas estão posicionadas entre as bactérias saprófitas e os agentes patogénicos das plantas na árvore da vida. Em geral, as plantas hospedeiras têm um grande impacto nos factores bióticos e abióticos que afectam os padrões dinâmicos dos endófitos bacterianos (Rosenblueth & Martinez-Romero, 2006). Os micróbios podem interagir uns com os outros ou com os seus hospedeiros, entre outros tipos de interações. Os endófitos que colonizam os tecidos vegetais aumentam a aptidão do hospedeiro em troca de nutrientes e proteção do hospedeiro. As bactérias endofíticas são simbiontes biotróficos que residem nos tecidos vegetais; podem ser facultativas ou obrigatórias (Sturz *et al.*, 2000). Numerosas fitohormonas, incluindo auxinas, citocininas e giberelinas, são produzidas por bactérias endofíticas (Hornschuh *et al.*, 2002).

Além disso, as bactérias endofíticas ajudam a fixar o azoto para as plantas e a melhorar a disponibilidade de nutrientes. Investigações recentes demonstraram que as bactérias que colonizam o interior de uma planta podem reduzir os agentes patogénicos e melhorar o desenvolvimento da planta. Como o tecido vegetal tem um suprimento limitado de nutrientes, sabe-se que as bactérias endofíticas e as doenças competem entre si. Poucos dados sugerem que as infecções das plantas afectam significativamente as bactérias endofíticas, apesar do facto de as bactérias endofíticas terem uma capacidade bem documentada de reduzir o impacto prejudicial dos agentes patogénicos das plantas. A investigação sobre o equilíbrio de N numa série de estudos ecológicos ofereceu provas preliminares da fixação não simbiótica de azoto. Verificou-se que várias gramíneas e culturas, incluindo a cana-de-açúcar no Brasil, o arroz de zonas húmidas na Ásia e alguns campos de cereais no Canadá, crescem bem sem a utilização de azoto artificial.

Acreditava-se que os fixadores de azoto endofíticos eram benéficos para essas plantas. As pessoas começaram então a interessar-se pelas bactérias fixadoras de azoto ligadas a plantas não leguminosas. Durante muito tempo, os investigadores interessaram-se pelo significado ecológico e económico da fixação de azoto na simbiose *Rhizobium-leguminosa* (como *Bradyrhizobium* e soja).

*Rhizobium*, uma bactéria endofítica, incentiva o desenvolvimento de nódulos radiculares em plantas de feijão. As bactérias vivem nos nódulos radiculares das leguminosas e trabalham em conjunto para criar um sistema co-metabólico que resulta numa simbiose totalmente formada. Segundo Long (1989), os rizóbios presentes nos nódulos radiculares convertem o azoto em amoníaco, que é depois enviado para as secções aéreas da planta. Este método produz uma quantidade considerável de azoto vegetal e é muito eficaz. De acordo com investigações recentes, foi também demonstrada a existência de processos significativos de fixação de azoto em várias não leguminosas, nomeadamente na cana-de-açúcar, no arroz e no milho. Os resultados das estimativas do desempenho dos fixadores de azoto nestas culturas variam consoante o tipo de plantas (James, 2000). De acordo com a investigação realizada por Dobereiner, Boddey e colegas no Brasil, a cana de açúcar tem a associação de eficiência de fixação de azoto mais elevada até à data (Urquiaga *et al.*, 1992). A pesquisa deles indica que o fixador de nitrogênio simbiótico pode atender até 70% das necessidades de N da cana de açúcar.

O interesse global em bactérias diazotróficas ligadas a plantas gramíneas levou à investigação da bactéria diazotrófica endofítica, *Azospirillum*. Na sua revisão dos principais desenvolvimentos no domínio da investigação de bactérias diazotróficas, Baldani *et al.* (1997) observaram que, nos últimos 20 anos, foram isoladas outras bactérias endofíticas fixadoras de azoto, como as dos géneros *Herbaspirillum*, *Acetobacter* e *Azoarcus*, para além do género *Azospirillum*. Embora tenha sido demonstrado que estes tipos de bactérias existem no interior das plantas, Dobereiner (1992a) cunhou o termo "bactérias diazotróficas endofíticas" para se referir a todos os diazotróficos capazes de colonizar predominantemente o interior da raiz de plantas gramíneas. De acordo com Dobereiner *et al.* (1994) e Baldiani *et al.* (1997), os endófitos *Herbaspirillum seropedicae, H. rubrisubalbicans, Acetobacter diazotrophicus, Azoarcus sp.* e *Burkholderia sp.* foram isolados de cana-de-açúcar, palmeiras, gramíneas forrageiras, tubérculos, cereais, batata-doce e outros hospedeiros.

As bactérias diazotróficas endofíticas *Herbaspirillum* encontram-se normalmente nas raízes, caules e folhas das plantas, principalmente nas pertencentes à família das Gramíneas (Olivares *et al.*, 1996).

Bactérias diastásicas, incluindo *A. diazotrophicus, Herbaspirillum spp.* e *Azospirillum spp.*, foram encontradas em gramíneas de importância agrícola, incluindo cana-de-açúcar, arroz, trigo, sorgo, milho e pastagens, de acordo com James e Olivares (1998). Através de sementes, propagação vegetativa, material vegetal morto e talvez insectos que se alimentam de seiva, estes são transmitidos de geração em geração. Por outro lado, *o Azospirillum* infiltra-se nas plantas hospedeiras através de feridas ou sementes.

A fixação biológica de azoto (FBN), a síntese de fito-hormonas, a atenuação do stress ambiental, o sinergismo com outras interações bactéria-planta, a inibição da síntese de etileno nas plantas, o aumento da disponibilidade de nutrientes (fósforo, ferro e elementos menores) e a melhoria do crescimento através de compostos voláteis são alguns dos mecanismos    bacterianos de promoção do crescimento das plantas. Numerosas investigações realizadas em campos e estufas avaliaram o impacto de espécies endofíticas e rizobactérias no desenvolvimento das plantas, na produção de grãos de culturas anuais e em cultivares de várias culturas para reduzir o uso de fertilizantes ou minimizar a poluição relacionada com agroquímicos, ou ambos (Luis *et al.*, 2005).

De acordo com numerosos estudos efectuados a nível mundial, *Azospirillum* encabeça a lista de rizobactérias que promovem o crescimento das plantas (PGPR) (Burdman *et al.*, 2000; Dobbelaere *et* al., 2001 e 2003; Okon e Labandera-Gonzalez, 1994; Lucy *et al.*, 2004; Vessey *et al.*, 2003). Para aumentar a produção dos sistemas agrícolas a longo prazo, as PGPR são uma parte crucial da tecnologia de biofertilizantes (Bashan, 1998). Numerosas PGPR são importantes para preservar a sustentabilidade dos ecossistemas agrícolas e são extremamente promissoras como futuros inoculantes para aplicações agrícolas e proteção ambiental.

No entanto, apesar de vários trabalhos demonstrarem a sua eficácia em laboratório, a aplicação atual das PGPR na agricultura é algo inadequada. As PGPR têm a capacidade de colonizar as plantas e formar uma relação duradoura com elas, o que melhora o crescimento das raízes, aumenta a biomassa e aumenta significativamente a produção das culturas. A este respeito, foram observados impactos notáveis das PGPR numa série de culturas agrícolas, tais como leguminosas, cereais e não cereais, para além de algumas outras espécies de plantas dignas de nota.

**Utilização de bactérias fixadoras de azoto como** biofertilizante **não leguminoso**

A fim de satisfazer as necessidades de azoto das leguminosas, a possibilidade de as bactérias fixadoras de azoto (NF) criarem uma relação simbiótica com elas tem sido utilizada no campo. Esta ocorrência oferece uma alternativa à aplicação de fertilizantes azotados, cuja utilização excessiva e aplicação irregular ao longo do tempo prejudica a fertilidade do solo.

Descobriu-se recentemente que as plantas não leguminosas, como o arroz, a cana-de-açúcar, o trigo e o milho, criam um habitat alargado para várias espécies de bactérias NF. A planta permite que estas bactérias proliferem, invadindo efetivamente as raízes, os caules e as folhas. O hospedeiro adquirido beneficia das bactérias invasoras durante a relação, registando um aumento notável no crescimento, vigor e rendimento da planta.

A necessidade de produtos feitos a partir de plantas não leguminosas está a aumentar à medida que a população cresce. A este respeito, existe potencial para criar um substituto ambientalmente benigno para os fertilizantes azotados devido à diversidade da flora NF encontrada nas plantas não leguminosas e ao grau de interação com os seus hospedeiros (Rumpa Biswas *et al.*, 2008). A família Poaceae de plantas não leguminosas, que inclui o arroz, o milho e o trigo, fornece alimentos de base para os 6,5 mil milhões de pessoas que vivem no planeta. O aumento exponencial da população mundial sugere que é necessário aumentar a produtividade agrícola.

Estão a ser utilizadas muitas alternativas para diminuir a dependência dos fertilizantes N para a nutrição das plantas, à medida que se desenvolvem as preocupações ambientais. Neste contexto, a aplicação de bactérias fixadoras de azoto (NF) aos métodos agrícolas está a tornar-se mais significativa (Rumpa Biswas *et al.*, 2008).

De todos os micróbios úteis para as plantas, os dois que se pretendia isolar das culturas hortícolas neste estudo eram *Pseudomonas fluorescens*, um microrganismo biofertilizante que promove o crescimento das plantas, e *Azospirillum*, um organismo biofertilizante que fixa o azoto.

Pensa-se que as rizobactérias promotoras do crescimento das plantas (PGPR) estimulam direta ou indiretamente o crescimento das plantas. Os dois tipos mais significativos de germes *de Pseudomonas* que causam pseudogoutrite são *Pseudomonas putida* e *P. fluorescens*. Devido à inoculação bacteriana, a produção de auxina é um dos principais factores que promovem o rendimento (Khahipoor *et al.*, 2008). De acordo com Misco e Germida (2002), a bactéria mais prevalente que produz auxina é a *Pseudomonas*. A coinoculação de isolados *de Pseudomonas fluorescens* e *Bacillus* com estirpes *de Rhizobium* aumentou o peso dos nódulos, o comprimento das raízes, a biomassa dos rebentos e o teor global de azoto das plantas de ervilha, tal como referido por Parmar e Dadarwal (1999).

A interação entre estirpes *de Rhizobium* e estirpes de *Pseudomonas fluorescens* promotoras do crescimento de plantas melhorou a fixação de N e o crescimento de lentilhas (*Lens esculenta* Moench) e ervilhas (*Pisum sativum* L.) cultivadas em ambientes de campo e de laboratório, de acordo com Chanway *et al.*, (1989).

De acordo com Samavat *et al.*, (2012), a atividade da nitrogenase no feijão comum foi dramaticamente aumentada pela co-aplicação de isolados de *Rhizobium* e

*Pseudomonas fluorescens*. De acordo com Okhee *et al.*, (2008), *a Pseudomonas fluorescens* produz a substância química pirroloquinolina quinona, que promove o desenvolvimento das plantas quando solubiliza o fosfato de cálcio.

Os relatórios sobre PGPR de *Pseudomonas* fixadoras de azoto são raros, e a maioria das PGPR gram-negativas que foram examinadas até agora são membros do género *Pseudomonas* ou taxa *não-Pseudomonas* fixadoras de azoto (Sajjad Mirza *et al.*, 2006). Consequentemente, a capacidade de fixação de azoto dos isolados de *Pseudomonas* e *Azospirillum* foi estimada no presente trabalho. Até agora, tem havido pouca investigação sobre rizobactérias promotoras do crescimento de plantas fixadoras de azoto (PGPR) pertencentes ao género *Pseudomonas*.

Atualmente, a procura de alimentos aumenta com o crescimento da população. Os legumes são a cultura alimentar mais importante em termos de cultivo e consumo, especialmente no estado de Tamilnadu. Há muitas maneiras diferentes de comer legumes, tanto como aperitivos como parte de refeições maiores. Os legumes têm uma vasta gama de valores nutricionais; incluem proteínas, baixo teor de gordura e diferentes quantidades de provitaminas, minerais dietéticos, hidratos de carbono e vitaminas, incluindo A, K e B6. Numerosos fitoquímicos adicionais encontrados nos legumes têm sido associados a efeitos antivirais, antioxidantes, antibacterianos, antifúngicos e anticarcinogénicos.

Uma vez que o azoto é o principal elemento necessário para a sua síntese, é crucial concentrar-se no isolamento e na identificação de bactérias fixadoras de azoto eficientes, a fim de aumentar o crescimento e o rendimento, reduzindo simultaneamente a quantidade de azoto utilizada nos fertilizantes nocivos. A maior parte da investigação examinou as caraterísticas destes isolados em relação às suas caraterísticas agronómicas. Não foram efectuadas muitas investigações sobre o papel vantajoso da população bacteriana que fixa os vegetais em particular. Por conseguinte, está planeada investigação sobre as espécies bacterianas endofíticas *Azospirillum sp.* e *Pseudomonas sp.* a fim de determinar se podem ou não melhorar o crescimento, o rendimento e a qualidade da beringela e do bhendi.

**Principais objectivos do estudo:**

- Utilização de plantas de brinjal e bhendi para isolar, selecionar e caraterizar molecularmente as espécies bacterianas endofíticas benéficas.

- Por meio de uma abordagem convencional, estimar a atividade fixadora de azoto e a síntese de ácido indol acético dos isolados de bactérias endofíticas.

- Monitorização da eficácia de determinadas espécies bacterianas endofíticas eficientes em ensaios de campo e de vaso sobre o crescimento e a produção de brinjal. Avaliação da capacidade de algumas espécies bacterianas endofíticas produtivas selecionadas para aumentar o rendimento e o crescimento de bhendi em ensaios de campo e de vaso.

- Monitorização das alterações na composição bioquímica de frutos tenros de brinjal em resposta à aplicação de determinadas espécies de bactérias endofíticas.

- Monitorização da densidade da população de bactérias endofíticas nas raízes, caules e folhas de brinjal, em contraste com a aplicação de espécies bacterianas endofíticas isoladas.

# 2. REVISÃO DA LITERATURA

Ulrich *et al.*, (2008) definem os endófitos como uma variedade de microrganismos, incluindo bactérias, actinomicetos e fungos, que residem no interior das plantas. Os endófitos residem nos tecidos das plantas durante todo o seu ciclo de vida e não parecem prejudicar o seu hospedeiro. As bactérias em questão foram identificadas numa variedade de espécies e tecidos vegetais, e sabe-se que vivem nos espaços entre as células. No seu conjunto, constituem uma enorme diversidade de bactérias com grande potencial biotecnológico. O Comissário referiu ainda que praticamente todas as plantas estudadas têm endófitos. Elas se estabelecem nos tecidos internos das plantas hospedeiras, onde podem formar uma série de relações, incluindo simbiose, neutralismo, comensalismo e mutualismo. As bactérias endofíticas têm a capacidade de aumentar o crescimento e a produtividade das plantas, para além de servirem como agentes de biocontrolo.

As bactérias endofíticas diferem das estirpes de biocontrolo na medida em que emitem fito-hormonas para promover o crescimento das plantas e aumentar a absorção de nutrientes, em vez de prevenir necessariamente as infecções (Jacobson *et al.*, 1994). Numerosos endófitos bacterianos, incluindo *Acetobacter, Arthrobacter, Bacillus, Burkholderia, Enterobacter, Herbaspirillum*, e *Pseudomonas*, foram abordados por Lodewyckz *et al.*, (2002). *O Sorghum bicolor* que tinha sido injetado com a bactéria endofítica *Herbaspirillum seropedicae* não apresentava quaisquer sintomas ou apresentava sintomas muito ligeiros, de acordo com a investigação de James *et al.*, (1997).

Foram encontradas 853 estirpes endofíticas nos tecidos aéreos de quatro tipos de culturas agronómicas e 27 espécies de plantas da pradaria por Denise *et al.*, (2002). Os hospedeiros monocotiledóneas com as contagens mais elevadas de populações endofíticas foram a cebola e o trigo. Adicionalmente, Kobayashi e Palumbo (2000) analisaram a recuperação de endófitos de plantas monocotiledóneas como o milho e a banana. Quadt-Hallmann *et al.*, (1997) analisaram os endófitos bacterianos no algodão e a forma como interagiam com outras bactérias associadas às plantas.

Os nódulos, caules e raízes de sementes de soja tinham 65 endófitos bacterianos diferentes que Pharm Quang Hung e Annapurna encontraram em 2004.

*Alcaligenes faecalis* (Zhou e you, 1988), Herbaspirillum serepedicae (Baldiani *et al.*, 1986), Acetobacter seropedicae (Cavalcante e Dobereiner, 1998), e *"Pseudomonas"*, que é atualmente reconhecida como uma segunda espécie de *Herbaspirillum*, são apenas algumas das numerosas novas bactérias endofíticas fixadoras de azoto que foram identificadas nos últimos anos. Além disso, verificou-se que certas estirpes de *Azospirillum brasilense* existem no interior da planta (Schloter *et al.*, 1994).

Xu *et al.*, (2007) analisaram o potencial de estirpes bacterianas dos géneros Bacillus, Serratia e Arthrobacter para actuarem como agentes de biocontrolo e estimularem o desenvolvimento das plantas. Ting et al. (2008) afirmam que a Serratia marcescens pode ser utilizada para promover o desenvolvimento das plantas e controlar doenças das plantas em plantas de mirtilo e banana. Lifshitz et al. (1987) referem que o fenómeno bem conhecido e complexo da promoção do crescimento das plantas por bactérias é frequentemente mediado pelas várias propriedades promotoras do crescimento das plantas da bactéria associada. De acordo com Ahmad et al. (2008), tem sido feita muita investigação para compreender os traços e a natureza destes micróbios únicos, que têm uma casa única no interior das plantas e podem ter qualidades que melhoram o crescimento das plantas com uma consciência crescente.

**Endófitos promotores do crescimento das plantas**

De acordo com Robert Ryan *et al.* (2007), foram efectuados numerosos estudos sobre a capacidade de várias rizobactérias para melhorar o desenvolvimento das plantas. Ajudam o ciclo de nutrientes e minerais, como o fosfato, o azoto e outros nutrientes, o que incentiva o crescimento das plantas, em vez de bloquearem sempre os agentes patogénicos, como fazem as estirpes de biocontrolo. Os endófitos também promovem o crescimento das plantas de várias formas semelhantes. Estas incluem a atividade de solubilização de fosfato relatada por Verma *et al.*, (2001) e Wakelin *et al.*, (2004), bem como a formação de sideróforos relatada por Costa e Loper (1994).

Pirttila *et al.*, (2004) afirmam que os microrganismos endofíticos também são capazes de fornecer vitaminas essenciais às plantas. Compant *et al.*, (2005a, b) documentaram vários outros impactos vantajosos no crescimento das plantas, que são atribuídos aos endófitos. Estes incluem modificações na forma da raiz, ajustamento osmótico, regulação estomática, melhor absorção de minerais e acumulação e metabolismo modificados do azoto. Estes endófitos bacterianos que favorecem o desenvolvimento das plantas têm sido ultimamente utilizados nos domínios da fitorremediação (limpeza de solos poluídos) e da regeneração florestal.

**Efeitos no crescimento das plantas - Modo de ação geral**

Promoção do crescimento e do desenvolvimento, inibição do crescimento, estimulação direta da produção de fito-hormonas (Barbieri *et al.*, 1986; Brown, 1974; Jacobson *et al*, 1994 e Holland, 1997), estimulação indireta de fito-hormonas (induzindo a síntese de fito-hormonas na planta) e promoção do crescimento através do aumento da disponibilidade de minerais (Murty e Ladha, 1988) são alguns dos efeitos das rizobactérias no crescimento das plantas que têm sido associados, de acordo com Frommel *et al.*, (1991) e Kloepper *et al.*, (1980); (1991).


Elmerich (1984) referiu que certos inoculantes (*Azospirillum spp.*) têm a capacidade de codificar as hormonas de crescimento das plantas, como as auxinas e as citocininas. O vigor precoce das plântulas e a fixação de azoto podem ser os principais responsáveis por alguns relatos de rendimentos mais elevados. Os esforços de investigação recentes centraram-se na produção de diazotrofos endofíticos.

**Breve história da descoberta dos organismos fixadores de azoto**

As leguminosas, como as ervilhas, as lentilhas e o trevo, têm sido cruciais para a fertilidade do solo desde o tempo dos egípcios, afirma Ann Hirsch (2009). Os romanos escreveram muito sobre técnicas conhecidas há milénios, como a rotação de culturas, as culturas intercalares e a adubação verde. Mas só no século XIX é que se encontrou uma explicação para a capacidade das leguminosas de reconstituir a fertilidade do solo, nomeadamente após o crescimento de uma cultura como o trigo. A agricultura europeia tinha progredido ao ponto de a adubação verde e a cultura intercalar com leguminosas serem procedimentos habituais no século XIX.

Em alemão, as culturas não leguminosas, como o trigo, eram designadas por "Stickstofffreser", ou consumidores de azoto, enquanto as leguminosas eram designadas por "Stickstoffsammler", ou acumuladores de azoto. No entanto, só se percebeu que as bactérias eram a causa da acumulação de azoto com a descoberta dos rizóbios no último trimestre de 1800. É provável que as bactérias continuem a fornecer azoto às raízes através da fixação associativa de azoto, mesmo na ausência da indução de uma estrutura específica como um nódulo. A ideia de que as bactérias fixadoras de azoto poderiam estar ligadas a culturas não leguminosas, especialmente gramíneas de cereais, e que estas bactérias poderiam também encorajar o crescimento das plantas, fornecendo azoto fixado aos seus hospedeiros, não foi amplamente considerada até à década de 1970. Quando Johanna Dobereiner chegou ao Brasil para trabalhar no Departamento de Pesquisa do Ministério da Agricultura do Brasil, isso foi alterado.

Dobereiner descobriu várias bactérias em solos brasileiros durante suas primeiras pesquisas, incluindo *Beijerinckia fluminenesis* e *Azotobacter* (mais tarde denominada *Azorhizophilus*) *paspali*, que cercavam plantas de cereais (esta última no rizoplano da cana-de-açúcar). Além disso, ele investigou várias espécies de *Azospirillum* encontradas no Brasil, que é o único outro género fora da rizobia que é utilizado como inoculante de culturas (Ann Hirsch, 2009). Dobereiner e seus colaboradores descobriram várias bactérias fixadoras de nitrogênio (também conhecidas como endófitas diazotróficas) que habitavam os tecidos internos das plantas na década de 1980. Ele separou Gluconoacetobacteria diazotrophicus da cana-de-açúcar e Herbaspirillum seropedicae do milho, sorgo e arroz.


De facto, descobriu-se que entre 30 e 50% do azoto em diferentes variedades de cana-de-açúcar provinha de fixadores biológicos de azoto, ou FBN, e que a descoberta das gluconoacetobactérias fez triplicar a produção de bioetanol no Brasil. Os seus colegas verificaram então a capacidade destas bactérias para fixar o azoto, utilizando mutantes Nif e a incorporação de 15N2. Assim, a fixação associativa do azoto adquiriu uma sólida aceitação como método para fornecer azoto fixo às plantas e demonstrar a possibilidade de colaborações entre as bactérias fixadoras de azoto e as culturas destinadas à produção de biocombustíveis. De acordo com Ann Hirsch (2009), os fixadores de azoto associativos e as espécies simbióticas estão atualmente a receber muita atenção no estudo devido ao seu potencial significativo para produzir fontes de energia alternativas.

Por exemplo, muitas bactérias têm hidrogenase, uma enzima que oxida o gás hidrogénio num mecanismo ligado à fixação do azoto, para além da enzima azotase, que converte o gás azoto em amoníaco. Por outro lado, a nitrogenase pode ainda criar hidrogénio na ausência de azoto, desde que o ATP esteja presente para fornecer energia química suficiente. Embora se pense que as bactérias fixadoras de azoto são uma potente fonte de combustível alternativo, é necessária muita investigação para as levar a criar hidrogénio de forma rápida e eficaz.

**Fixação do azoto**

A maioria das pessoas concorda que um dos principais elementos que limita o crescimento das plantas é o azoto. A fixação do azoto é o termo utilizado para descrever o processo biológico que converte o azoto molecular em amoníaco. Numerosos filos do domínio das bactérias possuem uma vasta gama de espécies bacterianas fixadoras de azoto capazes de colonizar a rizosfera e interagir com as plantas. Na maioria dos ambientes, o azoto fixado é um nutriente limitante. O azoto molecular proveniente da atmosfera constitui a principal reserva de azoto da biosfera. De acordo com Claudine *et al.* (2009), apenas as células procarióticas possuem o processo de fixação biológica do azoto, que torna o azoto molecular disponível para as plantas em vez de ser diretamente digerido por elas.

No final do século XIX, a descoberta da fixação do azoto coincidiu com a descoberta da proliferação bacteriana no solo aderente à superfície das raízes. Os métodos microbiológicos clássicos foram desenvolvidos por Rennie (1980), Elmerich *et al.*, (1992), e outros. Estes métodos envolviam a cultura e a identificação de bactérias do solo de géneros como *Azospirillum, Azotobacter, Alcaligenes, Bacillus, Beijerinckia, Campylobacter* e *Derxia*, bem como de algumas Enterobacteriaceae (*Klebsiella Pantoae*) e *Pseudomonas sp.* A morfologia e a fisiologia da planta hospedeira são afectadas pela colonização de bactérias *Azospirillum* na raiz, e este efeito é ainda mais exacerbado pela inoculação de raízes laterais e pêlos radiculares (Okon, 1985; Dobbelaere, e Okon, 2007). *O Azospirillum sp.* causa geralmente modificações na fisiologia da raiz em conjunto com este facto, incluindo o aumento da ingestão de minerais e água, o aumento da respiração das raízes, o adiamento da senescência das folhas e o aumento do peso seco.

Para além de confirmarem a presença da atividade de redução do acetileno, Sajjad Mirza *et al.*, (2006) isolaram um isolado bacteriano produtor de fitohormonas fixadoras de azoto da erva kallar (estirpe K1). Utilizando a análise da sequência do gene 16S do ARN ribossómico, conseguiram identificar o isolado como *Pseudomonas sp.* Além disso, referiram que os efeitos de *A. brasilense* e *Pseudomonas* estirpe K1 no rendimento do grão de arroz eram semelhantes. Estes resultados demonstram o valor da investigação de pseudomonas fixadoras de azoto como possíveis inoculantes bacterianos para a produção agrícola.

Embora tenha havido algum debate sobre a capacidade *do* género *Pseudomonas* de fixar azoto, Barraquio *et al.* (1983) e Watanabe *et al.* (1987) relataram o isolamento de estirpes de bactérias fixadoras de azoto a partir de rizosferas. Anteriormente, pensava-se que Pseudomonas glathei era capaz de fixar azoto, mas mais tarde foi demonstrado que esta capacidade era realmente causada pela eliminação de azoto (Zolg e Ottow 1975). Como resultado, esta espécie foi reclassificada como membro do género Burkholderia.

Endófitos bacterianos que abrigam sementes

Natarajan *et al.*, (2012) relataram a eficácia de oito isolados de endófitos putativos de sementes de tomate e pimentão esterilizadas superficialmente. Lopez-Lopez *et al.*, (2010) descobriram bactérias endofíticas a partir das sementes e raízes do feijão comum. Gholami *et al.*, (2009) relataram que a transição da semente para a raiz foi indicada por um aumento nos valores de dominância e uma mudança na composição da população bacteriana. O tamanho e a riqueza da população bacteriana ligada à semente foram claramente determinados pela comunidade bacteriana nos meios de germinação.

No entanto, para raízes totalmente desenvolvidas e activas, o efeito do meio sobre estas caraterísticas foi negligenciável. Em condições de teste, as plântulas de milho inoculadas com estirpes *de Azospirillum* em vez de estirpes *de Pseudomonas* apresentaram um aumento mais pronunciado no desenvolvimento de rebentos, particularmente durante o estabelecimento da planta. Phyllis Ann Carde (2010) verificou que os isolados de sementes de espinafre pertencentes aos géneros Pantoea inibiam o crescimento de *E. coli* in vitro. As sementes de legumes contêm uma quantidade considerável de microrganismos, de acordo com Hernandez *et al.*, (2006).

**Endófitos bacterianos que abrigam raízes**

De acordo com Rupa Giri e Surjit Singh Dudeja (2013), a resposta quimiotáctica dos endófitos aos exsudados radiculares desempenha um papel importante na etapa inicial e crucial da colonização radicular, que estabelece a ligação planta-micróbio. Este é, muito provavelmente, um dos factores mais importantes na determinação da eficácia da colonização endofítica. De acordo com Andrews *et al.*,

(2002), sabe-se que as comunidades microbianas habitam as plantas em todas as fases de crescimento, desde a semente até à maturidade. Setenta e três isolados bacterianos foram obtidos de fazendas de arroz e campos de pesquisa por Mbai *et al.*, (2013). Além disso, Barraquio *et al.*, (1997) revelaram que uma variedade de bactérias fixadoras e não fixadoras de azoto estavam presentes no arroz, principalmente nas raízes, caules e sementes de diferentes tipos selvagens, tradicionais e cultivados.

Surette *et al.*, (2003) verificaram que as coroas de cenoura (Daucus carota) tinham concentrações de endófitos mais elevadas do que os tecidos do metaxilema. Isto deveu-se ao facto de as regiões da coroa terem concentrações mais elevadas de fotossintatos, o que proporcionou mais recursos para o crescimento de uma comunidade bacteriana maior. Pseudomonas putida é um endófito bacteriano que coloniza plantas; da mesma forma, Andreote *et al.*, (2009) observaram variações na diversidade das comunidades bacterianas associadas às raízes nestas plantas. De acordo com Berendsen *et al.*, (2012), a diversidade e a quantidade de espécies bacterianas que podem colonizar a planta hospedeira são determinadas pelas comunidades microbianas na rizosfera, que são influenciadas pelos exsudados radiculares.

Yingwu e colegas (2009), identificaram oitenta e quatro endófitos bacterianos de raízes de beterraba sacarina. Aravind et al., (2009) mostraram que *B. megaterium, P. putida* e *C. luteum* foram identificados principalmente em estacas de raízes, enquanto *P. aeruginosa* foi o único endófito colonizado, população endógena na raiz de pimenta preta. *Pseudomonas fluorescens* é um colonizador generalizado de plantas de batata, competindo com comunidades microbianas nativas dentro da fitosfera da batata, de acordo com observações e declarações feitas por Fernado *et al.*, (2009).

De entre 200 bactérias endofíticas isoladas das raízes de grão-de-bico (Cicer arietinum), ervilha forrageira (*Pisum sativum*), luzerna (*Medicago sativa*), trigo (*Triticum aestivum*) e aveia (*Avena sativa*), RupaGiri e Surjit Singh Dudeja (2013) descobriram 11 estirpes mais eficazes.

A variedade de endófitos bacterianos nas raízes de plantas de tomateiro de casca mexicana (*Physalis ixocarpa*) foi investigada por Marquez *et al.*, em 2010. Seis estirpes bacterianas fixadoras de N2 estreitamente relacionadas foram identificadas por Prasad *et al.*, (2001) a partir das raízes e caules esterilizados à superfície de quatro cultivares de arroz distintos.

Utilizando a microscopia eletrónica de luz e de transmissão em conjunto com a marcação imunológica, as estirpes foram reconhecidas como Serratia marcescens, e foi realizada uma investigação exaustiva para determinar que as estirpes estavam endofiticamente estabelecidas nas raízes, caules e folhas. Também foram observadas numerosas bactérias nos vasos do xilema, nas células corticais senescentes da raiz, no aerênquima e nas lacunas intercelulares. Duas estirpes de pseudomonas luminosas que foram isoladas por Kloepper *et al.*, (1980) de raízes de aipo e da periderme da batata aceleraram consideravelmente o crescimento de plantas de batata em relação aos controlos. Mais de 800 estirpes de rizobactérias foram recuperadas da "rizosfera" do trigo de inverno, que é o solo que se agarra às raízes, do "rizoplano", que é a superfície das raízes, e da "endorhiza", que é o interior das raízes, em várias fases do crescimento das plantas, por Czaban *et al.*, em 2007. Os dados adquiridos demonstram inequivocamente que a percentagem de estirpes móveis aumentou progressivamente da "rizosfera" para o "rizoplano" e, finalmente, para a "endorriza".

Estes resultados implicam fortemente que a motilidade flagelar desempenha um papel significativo na colonização bacteriana das raízes das plantas, particularmente no interior das raízes. A densidade populacional global de bactérias endofíticas de raízes de tomate foi investigada por Abdul Munif *et al.*, em 2012. O diazotrófico endofítico Herbaspirillum spp. foi encontrado nas raízes, caules e folhas de membros de Gramíneas, de acordo com Fabio *et al.*, (1996). Nove bactérias de crescimento rápido foram identificadas a partir de nódulos de feijão mungo por Elvira-Recuenco e Van Vuurde (2000), que também relataram que a colonização variou entre $3 \times 10\text{-}3$ e $3 \times 10\text{-}7$ cfu/g de peso fresco e foram descritas por sua capacidade de promover o crescimento da planta.

Rajendran *et al.*, (2008) separaram potenciais endófitos de nódulos radiculares esterilizados à superfície de ervilhas de pombo *Cajanus cajan*, que foram classificados como isolados não rizobiais (NR). Descobriram que a co-inoculação com a estirpe rizobiana bioinoculante promoveu o crescimento das plantas, medido por um aumento do peso fresco das plantas, do teor de clorofila, do número de nódulos e do peso fresco dos nódulos. De acordo com Tian Xue-liang *et al.*, (2006), a população bacteriana endofítica foi maior nas raízes (2,63×10-5 CFU/g em peso fresco), seguida pelo caule, cotilédone e semente. Baset *et al.*, (2010) descobriram que a floração precoce, a maior qualidade dos frutos e o aumento do rendimento foram todos causados pela inoculação de estirpes de rizobactérias promotoras do crescimento das plantas. Além disso, o N2 fixado em conjunto com as raízes da bananeira aumentou o rendimento. De acordo com os relatórios de várias experiências, as estirpes de bactérias promotoras do crescimento das plantas (PGPB) foram capazes de estabelecer colónias na superfície das raízes das bananas, onde a zona de proliferação dos pêlos radiculares incluía uma maior concentração de células bacterianas.

A aplicação de PGPB por si só não é suscetível de produzir benefícios substanciais que necessitem de quantidades baixas ou nulas de fertilizante-N; em vez disso, pode ter um efeito sinérgico na formação e crescimento das raízes. Sete estirpes de *Pseudomonas aeruginosa* foram identificadas a partir das raízes internas de plantas de pimentão saudáveis que crescem no campo por Samrah Tariq *et al.*, (2009). As estirpes de *Pseudomonas aeruginosa* que aumentaram a altura das plantas e o peso fresco dos rebentos também tiveram um bom efeito no crescimento das plantas. Ao comparar o tecido da zona de emergência da raiz secundária das raízes de beterraba sacarina com o tecido central e periférico da mesma beterraba, Mark Jacobs *et al.*, (1985) encontraram uma maior concentração de bactérias.

**Endófitos bacterianos alojados no caule**

Vinte endófitos bacterianos fenotipicamente distintos foram isolados por Arundhati *et al.*, (2012) de tecidos de caule e folhas esterilizados superficialmente. Também descobriram que os endófitos nas folhas de *Passiflora foetida* eram mais diversos do que os do caule, com os isolados bacterianos pertencentes aos géneros *Bacillus, Paenibacillus, Pseudomonas, Ralstonia, Micrococcus* e *Alcaligenes*. Hudson *et al.*, (2010) identificaram dezassete isolados de seiva de xilema de uva e seis isolados distintos de caules de cana-de-açúcar. Garbeva *et al.*, (2001) verificaram que as *Pseudomonas spp.* eram mais comuns nos caules do que nas raízes das batatas (*Solanum tuberosum*) após um mês de crescimento. Aravind *et al.*, (2009) isolaram endófitos bacterianos do caule da pimenta preta. Relataram que os isolados bacterianos, *B. megaterium, P. putida e C. luteum* foram encontrados predominantemente em estacas de caule.

Em 2014, Maria *et al.*, isolaram bactérias endofíticas (isolado BS1) do caule da planta Piper betle (L.) e mostraram que estas bactérias tinham propriedades antibacterianas contra bactérias patogénicas como *Staphylococcus aureus, Bacillus cereus* e *Escherichia coli*, com a maior inibição observada contra esta última. O resultado da análise do rRNA 16S obtido pelo BLAST revelou uma relação de 98% de identidade entre o isolado BS1 e *Pseudomonas sp.*

Quando onze cultivares de ervilha foram examinadas quanto à presença de bactérias endofíticas ao longo da fase de floração, Yong Wan *et al.* (2012) verificaram que o número dessas bactérias diminuiu da região inferior para a região superior do caule. Em plantas adultas de cultivares de tomate resistentes, a quantidade de bactérias endofíticas foi de $2,43\times10\text{-}5$ CFU/g de peso fresco (FW) na raiz e $22,9\times10\text{-}4$ CFU/g FW no caule; em plantas adultas de cultivares de tomate.

**Endófitos bacterianos que abrigam folhas**

Utilizando a sequenciação de 16S rRNA, Pradeepa e Jennifer, (2013) identificaram *Alcaligenes faecalis* como o endófito bacteriano depois de isolarem e examinarem cinco bactérias endofíticas diferentes de folhas de *Tabernaemontana divaricata*. Os resultados geralmente implicam que *o* endófito bacteriano *de T. divaricate*, que produz substâncias semelhantes a citocinas, pode estar envolvido na formação e no crescimento de *T. divaricata*. Segundo Stephen *et al.*, (2005), foram descobertas bactérias endofíticas nos vasos do xilema da quinta folha e do quinto entrenó de plântulas de *Vitis vinifera*. Além disso, observou que as bactérias estavam localizadas em câmaras substomatais e eram mais prevalentes na quinta folha do que no quinto entrenó.

Cinco espécies diferentes de actinomicetos foram recuperadas por Umesh Kumar *et al.*, (2011) de várias porções de *Emblica officinalis*; três eram do galho e duas das folhas. Em comparação com os não simbióticos, Elvira-Recuenco e van Vuurde, (2000) identificaram dois actinomicetos que produziam compostos antimicrobianos, levando a um aumento da produção de biomassa e da concentração de pigmentos fotossintéticos nas folhas. De acordo com Brandl *et al.*, (2008), a abundância de diferentes substâncias químicas que podem ser utilizadas como nutrição, a idade da folha e circunstâncias desfavoráveis, como a radiação UV, afectam a complexa população microbiana que vive no interior das folhas.

**Endófitos bacterianos em produtos hortícolas**

De acordo com Julia e Vorholt (2008), um pequeno número de filos bacterianos domina a filosfera de várias plantas e estas comunidades são moldadas por um número limitado de factores. Estas comunidades têm adaptações específicas e apresentam relações multipartidas com as suas plantas hospedeiras, bem como entre si. Além disso, propôs que uma melhor compreensão do microbiota da filosfera e das suas aplicações à preservação e ao crescimento das plantas resultaria de uma compreensão dos princípios estruturais fundamentais das populações microbianas nativas da filosfera. Em 2004, Pham Quang Hung e Annapurna identificaram 65 endófitos bacterianos de duas espécies de soja.

Independentemente das cultivares e dos locais de campo, Monique *et al.*, (2003) verificaram que as unidades formadoras de colónias (UFC) de endófitos bacterianos eram mais predominantes nos tecidos da coroa da cenoura (96%) do que nos tecidos da periderme e do metaxilema dos tecidos de armazenamento da cenoura. Das estirpes bacterianas examinadas em cenouras, verificou-se que 83% promoviam o crescimento das plantas, 10% eram neutras para o crescimento das plantas e 7% inibiam o crescimento das plantas.

Fisher *et al.* (1992) descobriram que as coroas de cenoura têm uma elevada densidade populacional de endófitos, o que sugere que os endófitos bacterianos escolheram colonizar estes tecidos. De acordo com Andrews (1992), a deriva regular nas comunidades microbianas é o que dá origem à diversidade de bactérias benéficas encontradas no filoplano.

Mishra *et al.* (2009) demonstraram que a co-inoculação de Pseudomonas e rizóbios melhora a nodulação, a fixação de azoto, a biomassa vegetal e o rendimento de grãos numa variedade de culturas leguminosas, incluindo alfafa, ervilha, soja, grama verde e grão-de-bico. Observações comparáveis sobre a co-inoculação de rizóbios com *Bacillus, nomeadamente Bacillus megatrium, Bacillus cereus* e *Bacillus thuringiensis*, foram registadas por Halverson e Handelsman (1991). Quando co-inoculadas com rizóbios, as bactérias dos géneros *Burkholderia, Azotobacter, Azospirillum, Enterobacter* e *Kurthia* demonstraram melhorar o desenvolvimento das plantas (Pandey e Maheshwari, 2007).

De acordo com Yasmeen *et al.*, (2012a e b), o crescimento do feijão mungo foi significativamente melhorado através da co-inoculação de micorrizas arbusculares com *Bradyrhizobium sp.* A relação entre o ananás e a banana e as bactérias fixadoras de azoto foi demonstrada por Weber *et al.*, (1999). Amostras de vários genótipos de frutos, caules, raízes e folhas revelaram a presença de bactérias diazotróficas. Em amostras de ambas as culturas, foram encontradas bactérias pertencentes aos géneros *Azospirillum amazonense, Azospirillum lipoferum, Burkholderia sp.* e um grupo semelhante ao género *Herbaspirillum.* Mas apenas nas bananeiras foram encontradas *Azospirillum brasilense* e mais duas famílias de bactérias *semelhantes a Herbaspirillum.*

Ying Wu *et al.*, (2010) analisaram a forma como três bactérias endofíticas afectavam o crescimento e a capacidade de fotossíntese da beterraba sacarina: *Bacillus pumilus, Chryseobacterium mindologene* e *Acinetobacter johnsonii.* As medições do teor de clorofila total mostraram uma forte diferença entre algumas plantas de beterraba infectadas com bactérias endofíticas e aquelas sem endófitos. As curvas de resposta à luz do escaravelho demonstraram que as plantas infectadas com endófitos exibiram um aumento substancial na capacidade fotossintética.

De acordo com Yingwu *et al.* (2009), uma maior concentração de clorofila na beterraba sacarina promoveu a sua capacidade de fotossíntese, o que, por sua vez, aumentou a síntese de hidratos de carbono. É provável que as bactérias e as fitohormonas tenham trabalhado em conjunto para aumentar a produtividade máxima da fotossíntese na beterraba sacarina. A fim de criar uma estratégia de biocontrolo, foi investigada a diversidade das comunidades microbianas endofíticas das sementes, raízes, flores e frutos de três cultivares de abóbora distintas. 165 (7%) dos 2.320 isolados microbianos de abóbora examinados em experiências de cultura dupla apresentaram resultados positivos para a atividade antagonista in vitro contra Didymella bryoniae, de acordo com Furnkranz *et al.*, (2012). Destes, 43 isolados (*Pectobacterium carotovorum, Pseudomonas viridiflava,* e *Xanthomonas cucurbitae*) reduziram o crescimento de bactérias patogénicas da abóbora. O tratamento com *Pseudomonas chlororaphis* e um tratamento com estirpes combinadas (*Lysobacter gummosus, P. chlororaphis, Paenibacillus polymyxa* e *Serratia plymuthica*) reduziram grandemente a gravidade da doença nas abóboras *D. bryoniae.*

Fikrettin *et al.*, (2004) examinaram os efeitos no rendimento da beterraba sacarina e da cevada, em circunstâncias de campo, da inoculação simples, dupla e mista de duas bactérias fixadoras de N2 e de uma estirpe de bactérias solubilizadoras de P. Em comparação com o controlo, todas as inoculações e tratamentos de fertilizantes aumentaram consideravelmente a produção de folhas, raízes e açúcar da beterraba sacarina, bem como a produção de grãos e biomassa da cevada. Enquanto as bactérias solubilizadoras de P sozinhas aumentaram os rendimentos em 5,5-7,5% em relação ao controlo, as inoculações individuais com bactérias fixadoras de N2 aumentaram os rendimentos da raiz da beterraba sacarina e da cevada em 5,6-11,0%, dependendo da espécie.

A administração de azoto e fósforo resultou num aumento de rendimento de 20,7-25,9%, enquanto uma combinação de três bactérias e dupla inoculação produziu um aumento de 7,7-12,7% em relação ao controlo. Em circunstâncias de campo inoculadas com *Azospirillum sp.* em condições de neblina parcial, Tripathi *et al.*, (2013) registaram o rendimento máximo (808,3 q ha-1) de tomates; independentemente do tipo de planta, todas as estirpes *de Azospirillum* foram capazes de colonizar as superfícies das folhas (10-3-10-7 cfu/g de peso seco). Esses resultados oferecem suporte experimental para a possibilidade de *Azospirillum sp.* ser seguro para inocular uma variedade de espécies de plantas.

De acordo com Zehra Ekin *et al.*, (2009),     o maior rendimento de batata que poderia ser obtido com fertilizante N foi obtido com aproximadamente 120 kg N ha-1, além de uma inoculação de *Bacillus sp.* fixador de N2. Estes autores propuseram que as combinações de fertilizantes azotados ou *Bacillus sp.* isoladamente têm um grande potencial para aumentar o rendimento da batata e os seus componentes, ao mesmo tempo que reduzem a necessidade de fertilizantes químicos, tal como aconteceu em muitas outras culturas que foram testadas. *O Bacillus sp.*, que promove o crescimento das plantas, foi proposto por Jeevajothi *et al.*, (1993) e Chatoo *et al.*, (1997) como um potencial biofertilizante para a batata na agricultura biológica e com baixo teor de azoto. No que diz respeito às caraterísticas de produção e de qualidade, a aplicação de inoculantes microbianos como *Azospirillum* e *Azotobacter*, especialmente em culturas hortícolas, tem-se revelado muito importante.

De acordo com Ardanov Pavlo (2011), a capacidade das estirpes de biocontrolo para promover o desenvolvimento das plantas pode nem sempre estar associada à indução de resistência a doenças, mas certos endófitos têm a capacidade de ativar mecanismos de defesa das plantas, tanto basais como induzíveis. De acordo com Ramesh *et al.*, (2009), as bactérias endofíticas antagonistas *Pseudomonads* inibiram o agente patogénico da murchidão bacteriana *Ralstonia solanacearum* em beringelas (*Solanum melongena* L.). O impacto da inoculação de isolados *de Bacillus megaterium* no crescimento, biomassa e teor de nutrientes da hortelã-pimenta foi documentado por Sandeep (2011). Ravi Kumar Patil *et al.*, (2013) observaram um aumento da altura inicial das plantas, do número de ramos e do peso fresco e seco das raízes e dos rebentos em comparação com o grupo de controlo (plantas não inoculadas).

Atualmente, a procura de alimentos aumenta com o crescimento da população. Os legumes são a cultura alimentar mais importante na Índia, especialmente em Tamilnadu, tanto em termos de cultivo como de consumo. Há muitas formas diferentes de comer legumes, quer como aperitivos quer como parte de refeições maiores. Os legumes têm uma vasta gama de valores nutricionais; incluem proteínas, baixo teor de gordura e diferentes quantidades de provitaminas, minerais dietéticos, hidratos de carbono e vitaminas, incluindo A, K e B6. Numerosos fitoquímicos adicionais encontrados nos vegetais têm sido associados a efeitos antivirais, antioxidantes, antibacterianos, antifúngicos e anticarcinogénicos.

Uma vez que o azoto é um componente-chave necessário para a sua síntese, é imperativo concentrar-se no isolamento e na identificação de bactérias fixadoras de azoto eficientes, a fim de aumentar o crescimento e o rendimento, utilizando menos fertilizantes potencialmente nocivos. A maior parte da investigação examinou as caraterísticas destes isolados em relação à sua utilização como inoculantes agronómicos. Não tem havido muita investigação sobre a comunidade bacteriana que vive especificamente nos vegetais e fixa o azoto. Por conseguinte, planeou-se investigar o impacto de isolados bacterianos endofíticos de *Azospirillum sp.* e *Pseudomonas sp.* isolados de brinjal e bhendi no aumento do crescimento, rendimento e qualidade das mesmas culturas em experiências de campo e em vaso, utilizando a revisão da literatura reunida sobre o papel das bactérias endofíticas no crescimento das culturas.

# 3. MATERIAIS E MÉTODOS

**Geral**

Após uma imersão de 12 horas numa solução de limpeza composta por 100 g de dicromato de potássio dissolvido em 1000 ml de água destilada e 60 ml de ácido sulfúrico concentrado, o material de vidro utilizado para o trabalho de cultura foi cuidadosamente enxaguado em água destilada e deixado secar ao ar durante quatro horas a 180°C numa estufa de ar quente.

**Solução de limpeza**

| S.N. | Produtos químicos | Concentração |
| --- | --- | --- |
| 1. | Dicromato de potássio | 100g Concentrado |
| 2. | Ácido sulfúrico | 60ml |
| 3. | Água destilada | 1000ml |

Dissolve-se o dicromato de potássio em água morna, arrefece-se e adiciona-se gradualmente ácido sulfúrico. O produto foi cuidadosamente combinado e aplicado na limpeza de objectos de vidro.

**Produtos químicos**

Salvo indicação em contrário, todos os produtos químicos eram de qualidade laboratorial e foi utilizada água destilada em vidro para a investigação.

**Composição média**

**Composição do meio de bromotimol isento de azoto (Dobereiner, 1987).**

| S.N. | Produtos químicos | Grama/Litro |
| --- | --- | --- |
| 1. | Ácido málico | 5.0g |
| 2. | K2HPO4 | 0.5g |
| 3. | MgSO4.7H2O | 0.2g |
| 4. | NaCl | 0.1g |
| 5. | Azul de bromotimol 0,5% em KOH 0,2 N | 02ml |
| 6. | Solução vitamínica | 1ml |
| 7. | Solução de micronutrientes | 2ml |
| 8. | 1,64% Fe EDTA | 4ml |

| 9. | KOH | 4.5g |
|---|---|---|
| 10. | Água destilada | 1000ml |
| | **Solução de vitaminas** | |
| 11. | Biotina | 10mg |
| 12. | PiridoxoL-Hcl | 20mg |
| 13. | Água destilada | 100ml |

| **Solução de micronutrientes** | | |
|---|---|---|
| **S.N.** | **Produtos químicos** | **Grama/Litro** |
| 1. | $CuSO_4$ | 0.4g |
| 2. | $ZnSO_4.7H_2O$ | 0.12g |
| 3. | $H_2BO_3$ | 1.4g |
| 4. | $Na_2MO_4.2H_2O$ | 1.0g |
| 5. | $MnSO_4.H_2O$ | 1.5g |
| 6. | Água destilada | 1000ml |

O pH foi ajustado para 6,8 e foi adicionado ágar a 1,9 $gl^{-1}$

**Composição de King's B (Schaad, 1980)**

| **S.N.** | **Produtos químicos** | **Grama/Litro** |
|---|---|---|
| 1. | Peptona | 20g |
| 2. | Glicerol | 10ml |
| 3. | Fosfato Dipotássico | 1.5g |
| 4. | Sulfato de magnésio 7.$H_2O$ | 1.5g |
| 5. | Água destilada | 1000ml |

O pH foi ajustado para 7,2 e foi adicionado ágar a $15gl^{-1}$

**Composição do meio de sal de malato de benzoato (Baldiani & Dobereiner,1980)**

| **S.N.** | **Produtos químicos** | **Grama/Litro** |
|---|---|---|
| 1. | Batatas cortadas às rodelas | 200g |
| 2. | Ácido málico | 2.5g |
| 3. | KOH | 2.0g |
| 4. | Açúcar de cana em bruto | 2.5g |
| 5. | Solução vitamínica | 1,0 ml |
| 6. | Azul de bromotimol | 2gotas |
| 7. | Ágar | 18g |
| 8. | Água destilada | 1000ml |

**Coleção de sementes certificadas**

As sementes certificadas de Brinjal Variety "Annamalai" foram adquiridas no gabinete do pomar, Department of Agriculture, Annamalai Nagar, Annamalai University, Tamilnadu, Índia. Foram adquiridas mudas de brinjal saudáveis com 25 dias de idade aos agricultores do pomar do viveiro, Departamento de Agricultura, Annamalai Nagar, Universidade de Annamalai, Tamilnadu, Índia.

## Isolamento de endófitos da muda de Brinjal

Depois de terem sido limpas com água da torneira para eliminar quaisquer partículas de sujidade remanescentes, as secções de plantas, tais como raízes, caules e folhas das amostras, foram imersas numa solução de desinfeção de cloreto de mercúrio a 0,1% durante dois minutos. Em seguida, as amostras foram cuidadosamente limpas três a quatro vezes com água destilada esterilizada e água da torneira. Depois de terem sido limpas com papel de filtro esterilizado e pesadas com um grama, foram maceradas num almofariz e pilão com água destilada esterilizada até o volume do extrato atingir dez mililitros. Foi extraído um mililitro e diluído em série com nove mililitros de água destilada esterilizada em cada tubo de ensaio.

## Isolamento da colónia bacteriana

Para isolar *Azospirillum sp.* e *Pseudomonas sp.*, respetivamente, 0,1 ml de cada uma das diluições de 10-4, 10-5 e 10-6 foi transferido para uma placa de Petri separada contendo meio de malato sem azoto (NFB-Dobereiner, 1992) e meio King's B (Schaad, 1980). As placas de Petri foram então incubadas a 28°C durante 48 horas. Entretanto, 0,5 ml dos extractos foram adicionados a 5 ml de meio NFB estéril e semi-sólido, e a mistura foi incubada para seguir o desenvolvimento da formação de película subsuperficial de *Azospirillum sp.* A película subsuperficial que fez com que o meio mudasse de cor para azul foi semeada sobre o meio sólido NFB para produzir uma colónia individual de *Azospirillum sp.* As colónias individuais do meio King's B e do meio NFB que mostraram uma cor amarela fluorescente foram colocadas em placas que continham os respectivos meios, incubadas a 28°C durante 48 horas e mantidas a 4°C no frigorífico para estudo posterior.

## Purificação de *Azospirillum sp.* e *Pseudomonas sp.*

Os isolados *de Azospirillum sp.* foram verificados utilizando estrias em placas de ágar de infusão de batata (BMS) e um período de incubação de 7 dias a 32ºC. As colónias individuais foram transferidas para placas de ágar nutriente para investigação adicional depois de apresentarem a cor escarlate e a cor rosa caraterística. Após a incubação sob luz UV de 360o graus, as placas de Petri contendo o meio King's B para *Pseudomonas fluorescens* foram verificadas para confirmar a presença de colónias que apresentavam fluorescência.

## Caracterização de *Azospirillum sp.* e *pseudomonas sp.*

A forma e a motilidade das montagens húmidas das culturas com 72 horas foram examinadas ao microscópio. Para caraterizar melhor os isolados, estes foram submetidos a uma bateria de ensaios bioquímicos. Os seguintes testes de identificação foram utilizados para identificar os isolados representativos de *Pseudomonas sp.* e *Azospirillum sp.*

## Caracterização bioquímica Coloração de Gram

A coloração aqui é diferencial. São necessárias uma coloração primária e uma contracoloração. Gram positivo e Gram negativo são os dois grupos principais em que se divide a maioria das eubactérias. O esfregaço bacteriano fixado termicamente foi inundado com violeta de cristal (coloração primária) durante 1 minuto, depois manchado com iodo (corante) durante 1 minuto, depois com etanol para descolorir e depois com safranina durante 1 minuto. Cada coloração foi aplicada e, em seguida, o esfregaço foi completamente limpo com água. Depois disso, o esfregaço foi limpo com um pano, deixado secar ao ar e examinado ao microscópio.

## Teste da catalase

O objetivo deste teste é identificar as espécies que produzem a enzima catalase. Ao dissolver o peróxido de hidrogénio em água e gás oxigénio, esta enzima desintoxica-o. As bolhas que se formam quando o gás oxigénio é produzido são um sinal inequívoco de um resultado positivo para a catalase.

$$2H_2O \longrightarrow 2H_2O + O_2$$

Cobriu-se toda a superfície da placa infetada com cultura com três a quatro gotas de peróxido de hidrogénio a 3% e observou-se a presença ou ausência de borbulhamento ou formação de espuma.

**Teste da oxidase**

Este teste detecta a presença da enzima citocromo oxidase, que é crucial para a cadeia de transporte de electrões, nas bactérias. A enzima citocromo oxidase reduz o oxigénio a água, transferindo electrões da cadeia de transporte de electrões para o oxigénio, o último aceitador de electrões. No teste da oxidase são utilizados dadores e aceitadores artificiais de electrões. O dador de electrões torna-se púrpura escuro quando oxidado pela citocromo oxidase. Isto é visto como um resultado positivo. Quando algumas gotas do corante redox doador de electrões fenilenodiamina foram aplicadas em papel de filtro Whatman contendo cultura, observou-se uma mudança de cor azul-púrpura.

**Teste de fermentação de hidratos de carbono**

**Teste de motilidade (método da gota suspensa)**

Este teste é utilizado para identificar se um organismo tem ou não flagelos. A lâmina de cavidade foi virada ao contrário na lâmina de vidro, foi inserida uma gota de cultura bacteriana no centro e foi adicionada uma fina camada de vaselina nos bordos da lamela. A lâmina cavitária foi então examinada utilizando um microscópio de grande ampliação (1500×).

**Necessidade de biotina (Allen, 1953)**

São utilizados dois conjuntos de tubos para preparar o meio semi-sólido de ácido málico isento de azoto: a um conjunto é adicionada biotina (100 µgL-1) e ao outro não.

Isto torna possível examinar as necessidades de biotina dos isolados bacterianos. A ampliação foi demonstrada pela mudança de cor de verde amarelado para azul. A quantidade de biotina necessária foi determinada utilizando o meio de malato isento de azoto. Dois conjuntos diferentes de meios, um com 100 µgL-1 de biotina e o outro sem. Para atingir uma densidade constante, as culturas foram lavadas duas vezes com água destilada estéril após terem sido cultivadas durante 48 horas num caldo de glucose e peptona centrifugado. Cinco mililitros de meio contendo e desprovido de biotina foram inoculados com 0,1 mililitros da solução. O meio de cultura foi mantido durante 48 horas a 30 °C ± 2 °C, durante as quais o crescimento dos isolados foi monitorizado. Foi mantido um controlo não vacinado para cada conjunto.

**Produção de ácido a partir da glucose**

A capacidade dos isolados para produzir ácido a partir da glucose foi testada utilizando o meio de Krieg e Tarrad (1978). Os tubos de ensaio contendo 5 mililitros do meio foram enchidos e esterilizados. Foram incubados a 30oC ± 2oC depois de injectados com 0,1 ml das culturas de 24 horas dos isolados. A mudança de cor amarela do caldo indica a geração de ácido.

**Nitrato redutase (Yordi e Rouff, 1981)**

As culturas foram cultivadas durante cinco dias a 32°C em condições de cultura com agitação, utilizando 10 mililitros de caldo de malato suplementado com 10 miligramas de nitrato de sódio. Após centrifugação, o sobrenadante foi recolhido. Uma tonalidade rosa indica a existência de atividade de nitrato. A 10 mililitros do sobrenadante, foram adicionados 0,3 mililitros de sulfanilamida a 1% em Hcl 1,5N, 0,2 mililitros de etilenodiamina 0,002% N ($\alpha$-Netil) e Hcl diluído.

**Redutase do nitrito**

Depois de convertido em 5ml de meio de malato com 5Mm de nitrato de sódio como fonte de azoto, um punhado de células cultivadas em malato foi cultivado durante 5 dias a 32°C. Após centrifugação do caldo, o sobrenadante foi recolhido. Quando 0,3 mililitros de sulfanilamida a 1% em Hcl 1,5N, 0,2 mililitros de etilenodiamina 0,002% N ($\alpha$-Naptil) e Hcl diluído foram adicionados a 1 mililitro de sobrenadante, a cor rosa desapareceu, significando a existência de atividade de nitrito.

**Fixação de dinitrogénio (Bergersons,1980)**

A eficiência da fixação de N2 foi verificada através da análise micro-Kjeldahl. Os isolados que foram cultivados apenas em substrato semi-sólido desprovido de azoto foram selecionados para a atividade de fixação de azoto. O meio NFB semi-sólido contendo 0,05% de malato adicionado como fonte de carbono foi utilizado para examinar a capacidade dos isolados para fixar dióxido de azoto. Os isolados foram colocados no meio NFB semissólido e depois cultivados a 32°C. Cada isolado foi armazenado em três cópias.

**Preparação da amostra**

A fim de facilitar a decomposição dos meios que contêm os isolados, foram adicionados 3 mililitros de H2So4 concentrado e uma proporção de 50:10:1 de K2So4, CuSo4 e selénio metálico ao balão micro Kjeldahl de 100 mililitros depois de os meios terem sido incubados durante 10 dias. Foram adicionados 100 mililitros de água destilada arrefecida depois de a mistura ter sido digerida.

**Destilação**

As matérias que sofreram degradação foram introduzidas no aparelho de destilação de microkjeldahl. Para acelerar o processo, foram adicionados dez mililitros de NaOH a 40% ao aparelho de destilação. Encheu-se um balão de Erlen-Mayer de 12 ml com 10 ml de reagente de ácido bórico a 4% e 3 gotas de indicador misto. Colocou-se o balão com a solução à superfície da ponta do condensador e o condensador do aparelho de destilação por baixo.

**Titulação**

A solução, o ácido bórico e um indicador misto contendo o NH3 "destilado" foram titulados com Hcl padrão.

**Produção de IAA (Garden e Paleg, 1957)**

Para cultivar os isolados, foram utilizados frascos Erlenmeyer contendo 100 mililitros de caldo de malato sem N para *Azospirillum* e 25 microgramas de triptofano para *Pseudomonas*. Para evitar que as substâncias químicas biologicamente activas fossem foto-inactivadas durante o período de incubação de 48 horas a 30 graus Celsius, os frascos foram cobertos com papel preto.

**Extração e estimativa de IAA.**

Após o período de incubação, foi utilizado papel de filtro para filtrar o sobrenadante das culturas em caldo, que foram centrifugadas durante 15 minutos a 5000 rpm. Depois de ajustar o pH para 2,8, 50 ml do filtrado foram colocados numa ampola de decantação e foi adicionado um volume igual de dietileno frio isento de peróxido, que foi bem misturado. Durante quatro horas, a 4 graus Celsius, agitou-se intermitentemente o conteúdo da ampola. Procedeu-se a uma nova extração da fase aquosa e juntou-se a fase orgânica. Após a evaporação completa da fase etérea, o resíduo foi dissolvido em dois mililitros de álcool isopropílico.

Transferiu-se 0,5 ml desta suspensão para tubos de ensaio e adicionou-se 4 ml de reagente de Salper (10 ml de cloreto férrico 0,5M em

50 ml de ácido perclórico a 35%) após 1,5 ml de água destilada. Os tubos foram incubados a 28°C durante uma hora, na obscuridade total. Utilizando um espetrofotómetro, a intensidade da cor desenvolvida foi avaliada a 535 nm. Para determinar o IAA, foi criado um gráfico padrão utilizando propriedades conhecidas do IAA.

## Caracterização molecular e análise filogenética de isolados bacterianos endofíticos por sequenciação do 16srRNA

### Isolamento de ADN

Utilizando as técnicas estabelecidas por Boudjella *et al.*, (2006), foi isolado o ADN genómico total. Foram utilizados frascos agitados contendo 100 ml de meio líquido Nfb e meio líquido King's B para os isolados de AORU5 e PBRU3, respetivamente, para cultivar todos os isolados durante cinco dias a 30°C. O sedimento foi produzido por centrifugação e foi utilizada água destilada duas vezes para a lavagem. A quantidade de pellet utilizada para extrair ADN genómico foi de cerca de 200 mg. Foram utilizados 500 µl da solução de lise - que incluía 250 mM NaCl, 2% SDS, 20 mM EDTA (pH 8,0) e 100 mM Tris-Hcl (pH 8,0) - para suspender o sedimento. Depois de adicionar lisozima para atingir uma concentração final de 1 mg/ml, a mistura foi incubada durante 60 minutos a 37°C. Após a incorporação de 10 µl de proteinase. Após refrigeração em gelo, a solução foi extraída utilizando uma proporção de 25:24:1 de fenol, clorofórmio e álcool isoamílico. Depois de repetir a extração orgânica, o sobrenadante foi recolhido juntamente com dois litros de isopropanol e quatro miligramas de acetato de amónio. Procedeu-se a uma centrifugação durante 10 minutos à temperatura ambiente, a fim de precipitar o ADN genómico completo. Depois de ter sido dissolvido em tampão Tris EDTA (pH 8,0) e limpo com etanol a 70%, o pellet foi conservado a -20°C.

### Sequência de 16SrRNA

A sequência do gene 16SrRNA foi amplificada através da utilização do iniciador direto 27f e do iniciador inverso 1492R. Foram utilizados 100ng de ADN modelo, 2 mM MgCl2, 5 µm de primers, 2,5 µl de tampão de ensaio 10X (10 mM Tris (pH 9,0), 50 mMKCl, 1,5 mM MgCl2 e 0,01%

Gelatina), 10 mM de cada um dos dNTPs e 5 unidades/µl de Taq DNA Polimerase para construir a configuração da PCR. Foram efectuados cinco minutos de desnaturação inicial a 94°C, trinta e cinco ciclos de um minuto cada a 94°C, 45°C e 72°C, e uma extensão final de dez minutos a 72°C.

A pirosequenciação foi utilizada para sequenciar os produtos amplificados de cerca de 1.461 pb de AORU5 e 1.341 pb de PBRU3. Utilizando o programa BLAST, foi efectuada uma pesquisa de sequências na base de dados do Centro Nacional de Informação Biotecnológica (NCBI). O programa CLUSTAL X foi utilizado para obter e alinhar sequências estreitamente relacionadas. Foi criada uma árvore filogenética utilizando a abordagem de junção de vizinhos. A versão 4.0 do MEGA (Molecular Evolutionary Genetics analysis) foi utilizada para efetuar uma análise filogenética e de evolução molecular. Foi encontrada uma correspondência de 100% de homologia entre os isolados AORU5 e PBRU3 e *Azospirillum brasilense* e *Pseudomonas fluorescens*, respetivamente.

**Testar isolados de bactérias endofíticas**

***Azospirillum***

O Azospirillum é caracterizado por bastonetes rechonchudos, gram-negativos, vibriformes ou rectos, com 0,9-0,2 µm de largura e frequentemente com extremidades pontiagudas. Existem grânulos intracelulares de poli-β-hidroxibutirato. Para além do flagelo polar, podem também formar-se flagelos polares simples, que permitem que as células se desloquem em meios líquidos com um movimento vibratório ou em forma de saca-rolhas caraterístico. Algumas espécies desenvolvem flagelos laterais quando cultivadas em meio sólido a 30°C. Em ágar batata, as colónias de algumas estirpes produzem uma coloração rosa pálido ou escura. O intervalo ideal para o crescimento é de 34-37°C. Enquanto algumas estirpes se desenvolvem a pH 7, outras necessitam de condições de crescimento mais ácidas.

São fixadores de azoto que crescem em condições microaeróbicas em resposta ao N2. Desenvolvem-se na presença de uma fonte básica de azoto fixado, como um sal de amónio, num ambiente de ar. Têm sobretudo um metabolismo respiratório, utilizando NO3 e O2 como aceptores terminais de electrões em certas estirpes. Também é possível que tenham uma fraca capacidade fermentativa. Certas estirpes têm a capacidade de converter NO3 em N2O e N2 quando existe uma grave carência de oxigénio. Isto é, oxidase positiva. Embora algumas estirpes sejam autotróficas facultativas de hidrogénio, são quimioorganotróficas. Desenvolvem-se bem com sais de ácidos orgânicos como o lactato, o piruvato, o succinato e o malato; certos hidratos de carbono podem também atuar como fontes de carbono. Algumas estirpes necessitam de biotina. Certas espécies podem ser encontradas livremente no solo ou na proximidade de raízes de gramíneas, tubérculos e culturas de cereais. De acordo com o Manual of Determinative Bacteriology, Ninth Edition, de Bergey, os nódulos radiculares não são produzidos.

### *Pseudomonas*

Hastes rectas e curvas, 0,5 - 1,0 × 1,5 - 5,0µm, não-helicoidais. Numerosos organismos armazenam poli-β-hidroxibutirato como uma reserva de carbono, que se manifesta como inclusões sudanófilas. Não estão envoltos em bainhas, nem formam próteses.

Não há fases conhecidas de repouso. As células Gram negativas são coradas. Os flagelos polares podem ser móveis ou não móveis; um ou mais podem ser móveis. Certas espécies podem desenvolver flagelos laterais com um comprimento de onda mais curto. O crescimento anaeróbio é possível graças ao metabolismo aeróbio, que é exclusivamente respiratório e utiliza o oxigénio como acetor terminal de electrões.

Não existem produções de xantomonídeos. Em ambientes ácidos (pH 4,5), a maioria das espécies, se não todas, não consegue sobreviver e prosperar. A maioria dos organismos não necessita de agentes orgânicos de crescimento. A oxidase pode ser negativa ou positiva. quimiolitotróficos, catalase-positivos e capazes de obter energia a partir de CO ou H2. amplamente dispersos no mundo natural. De acordo com o Manual de Bacteriologia Determinativa de Bergey, Nona Edição, certas espécies são nocivas para os seres humanos.

**Culturas de ensaio**

Brinjal (*Solanum melongena* L. (Moench.))

| | |
|---|---|
| Kingdom | : Plantae |
| Class | : Magnoliopsida |
| Subclass | : Asteridae |
| Order | : Solanales |
| Family | : Solanaceae |
| Genus | : *Solanum* |
| Species | : *melongena L.* |

Uma cultura solanácea importante, cultivada tanto nos trópicos como nos subtrópicos, é a beringela, ou brinjal (*Solanum melongena* L.). Embora o nome "beringela" provenha da forma do fruto de algumas variedades, o termo "brindal", popular em todo o subcontinente indiano e proveniente do árabe e do sânscrito, tem grande significado nas regiões quentes do Extremo Oriente. É muito cultivada na China, na Índia, no Bangladesh, no Paquistão e nas Filipinas. É uma das culturas hortícolas mais cultivadas, apreciadas e importantes da Índia, com exceção das regiões de maior altitude.

É uma cultura adaptável que pode ser produzida durante todo o ano numa variedade de condições agroclimáticas. Embora seja comercialmente cultivada como uma cultura anual, é uma cultura perene. A Índia cultiva uma grande variedade de cultivares, sendo que o tamanho, a forma e a cor do fruto influenciam a preferência do consumidor. As formas e cores dos frutos variam muito entre as espécies de Solanum melongena L.; podem ser ovais, em forma de ovo, em forma de taco longo, ou brancos, amarelos, verdes, com diferentes tonalidades de pigmentação púrpura, ou quase pretos. A maioria das cultivares comercialmente significativas foi selecionada a partir das variedades tropicais bem estabelecidas da Índia e da China.

O fruto do brinjal não maduro é sobretudo consumido cozinhado de várias formas e, nas regiões rurais, os rebentos secos são utilizados como combustível. Tem poucas calorias e gorduras, em grande parte. Entre outros nutrientes, é rico em proteínas amídicas, açúcares redutores livres e açúcares totais solúveis em água. É também uma forte fonte de vitaminas e minerais. Os doentes com diabetes podem beneficiar das propriedades terapêuticas ayurvédicas da couve-galega. Além disso, tem sido sugerido como um ótimo tratamento para pessoas com problemas de fígado (Shukla e Naik 1993). Embora seja por vezes considerado um vegetal mediterrânico ou do Médio Oriente, o brinjal é produzido na Índia há 4.000 anos (Ministério do Ambiente e das Florestas, Departamento de Biotecnologia, Ministério da Ciência e Tecnologia, Governo da Índia).

**Recolha de sementes**

O Departamento de Horticultura da Universidade de Annamalai forneceu sementes certificadas de Brinjal var. *Annamalai,*

**Preparação do inoculante**

Para *A. brasilense*, foi criado o meio líquido NFB, e para *P. fluorescens*, o meio líquido King's B. Depois de inoculadas com o meio de cultura adequado, as culturas de *A. brasilense* e *P. fluorescens* escolhidas foram agitadas durante 48 horas a 32°C num agitador rotativo. Após a agitação, a turbidez foi utilizada para determinar a densidade da cultura e o teste de população foi efectuado utilizando uma técnica convencional. De seguida, as culturas foram utilizadas para inocular as sementes.

**Tratamento de sementes com endófitos bacterianos**

O método popular de inoculação é a "inoculação de sementes", que envolve a combinação de sementes com isolados bacterianos potentes e desenvolvidos de *A. brasilense* e *P. fluorescens*. Duas gramas (cerca de 250) de sementes de brinjal foram tratadas com 1,5 mililitros de caldo contendo as populações conhecidas das formas individuais e duplas, de acordo com o protocolo descrito abaixo. Como controlo, foram mantidas as sementes não tratadas. Depois de secas à sombra, as sementes tratadas foram imediatamente colocadas, uma de cada vez, em placas de ensaio, tendo como substrato o cocopeat.

**Detalhes do tratamento da experiência**

| Tratamentos | Combinações |
|---|---|
| T1 | 100%Fertilizante químico          (Controlo) |
| T2 | 100%Fertilizante químico          + *Azospirillum brasilense* |
| T3 | 75%Fertilizante químico  + *Azospirillum brasilense* |
| T4 | 100%Fertilizante químico          + *Pseudomonas fluorescens* |
| T5 | 75%Fertilizante químico  + *Pseudomonas fluorescens* |
| T6 | 100%Fertilizante químico          + *Azospirillum brasilense* + *Pseudomonas fluorescens* |
| T7 | 75%Fertilizante químico  + *Azospirillum brasilense* + *Pseudomonas fluorescens* |

A seguinte dosagem recomendada de NPK foi aplicada à brinjal e ao bhendi.

**Brinjal:** N-50Kg, P-50Kg, K-50Kg/ha

**Observações em proplacas**

Durante trinta dias, as pró-placas foram mantidas no lugar. A quantidade de clorofila nas folhas, bem como as caraterísticas de crescimento, incluindo o comprimento das raízes e dos rebentos, foram medidas e registadas aos 15 e 30 dias após a sementeira. Testes de campo e vaso. De junho a setembro de 2014, os ensaios de campo e em vaso foram realizados em Neravy, Karaikal (latitude 10°53' N, longitude 79°48' E).

**Conceção do layout**

Para a montagem do experimento, foi utilizado o esquema

fatorial com três repetições e o delineamento em blocos casualizados.

**Tamanho da parcela**

Dimensão bruta do terreno : 63m × 18m

Tamanho líquido do terreno : 9m × 6m

**Preparação principal do terreno:**

A área foi nivelada com pranchas de madeira depois de ter sido cuidadosamente lavrada e repetidamente gradeada para obter uma inclinação delicada do solo. De seguida, foram adicionadas ao solo 25 toneladas de estrume de curral (FYM) por hectare. Foram abertos canais de irrigação entre as parcelas, e foram preparados sulcos e camalhões a uma distância de 75 cm. Inicialmente, o solo foi tratado de acordo com as dosagens recomendadas de NPK ha-1 utilizando ureia, fosfato de di-amónio e muriato de potássio.

**Transplante**

As raízes das mudas de 30 dias de idade com cacoete foram imediatamente imersas em uma solução feita com culturas de *A. brasilense* e *P. fluorescens*, de acordo com os tratamentos, por 60 segundos após a retirada das plantas das próplacas. Em seguida, as mudas de berinjela foram transplantadas na proporção de duas mudas por colina, com espaçamento de 45 cm entre as linhas e foram prontamente regadas.

**Gestão das ervas daninhas** A monda manual regular manteve a parcela experimental livre de ervas daninhas. Quando a cultura necessitava, a irrigação era efectuada.

**Proteção das plantas** Quando necessário, foram adoptadas as medidas fitossanitárias necessárias para controlar as pragas e as doenças.

**Observações biométricas** Os seguintes parâmetros de crescimento e rendimento foram observados selecionando aleatoriamente três plantas de cada parcela tratada.

**Parâmetros de crescimento**

**Comprimento do rebento**

Aos trinta, sessenta e noventa dias após o transplante (DAT), as plantas escolhidas foram utilizadas para medir o comprimento do rebento em centímetros desde a base da planta até ao ponto de crescimento terminal da planta.

**Comprimento da raiz**

O comprimento da raiz das plantas escolhidas foi medido em centímetros aos 30, 60 e 90 dias após o transplante (DAT), começando na base da planta e terminando na ponta da raiz mais longa.

**Teor de clorofilas nas folhas (Arnon 1949)**

Num almofariz e num pilão, 100 mg de folhas foram misturados com 20 mililitros de acetona a 80%. Durante quinze minutos, o homogenato foi centrifugado a 3000 rpm. O sobrenadante límpido foi poupado. De cada vez, foram utilizados 5 mililitros de acetona a 80% para extrair novamente o pellet até este perder toda a cor. O sobrenadante foi combinado e utilizado para medir a quantidade de clorofila. Utilizando a seguinte fórmula, a absorvância no espetrofotómetro 20 foi medida a 645 nm e 663 nm.

Chl "a" (mg/mi)  : (0,0202) x (D.O. 645) + (0,00802) x (D.O. 663)

Chl "b" (mg/mi)  : (0,0217) x (O.D. 663) + (0,00269) x (O.D.645)

Chl total (mg/mi) : (0,0229) x (D.O. 645) + (0,00488) x (D.O. 663)

**Número de folhas por planta:** Os 30°, 60° e 90° DAT foram usados para contar o número de ramos.

**Número total de ramos por planta:** Os 30°, 60° e 90° DAT foram usados para contar o número de ramos.

**Número de flores:** Observado aos 30, 60 e 90 DAT.

**Parâmetros de rendimento**

**Número de frutos por planta**

O número total de frutos recolhidos ao 30°, 60° e 90° dias após a plantação foi utilizado para calcular o número médio de frutos por planta.

**Peso do fruto (g)**

Aos 30, 60 e 90 dias após o tratamento, o peso dos frutos de cada tratamento foi medido separadamente.

**Comprimento do fruto (cm)**

Utilizando um compasso de Vernier, o comprimento de cada fruto foi medido em centímetros, desde a base do cálice até à ponta, e a média foi calculada numa base regular.

**Perímetro do fruto (cm)**

Utilizou-se um compasso de Vernier para medir a circunferência dos frutos, tendo a média sido calculada e expressa em centímetros.

**Número de sementes por fruto**

O número médio de sementes por fruto foi calculado através da contagem manual do número de sementes em cada fruto de cada tratamento e do cálculo da média.

**Constituições bioquímicas de frutos de brinjal**

**Determinação da humidade (*FSSAI*, 2012)**

Cinco gramas de amostras de frutos bem misturados foram colocados numa placa de humidade desidratada e cozidos durante duas horas a 105 ±20C. Em seguida, foram pesadas após arrefecimento num exsicador. Até que a diferença entre duas pesagens consecutivas fosse inferior a 1 mg, os processos de aquecimento, arrefecimento e pesagem foram repetidos. Este foi o peso mais baixo alguma vez medido.

$$\text{Moisture percentage by weight} = 100 \; \frac{(M_1 - M_2)}{M_1 - M}$$

M1- Peso em gm da cápsula com material antes da secagem

M2- Peso em gm da cápsula com o material seco

M - Peso do gm do material seco

**Determinação das cinzas totais (*FSSAI*, 2012)**

Uma placa de Petri contendo 25g do produto foi pesada, seca num forno de ar quente e torrada a 500-550°C durante 30 minutos. A massa carbonizada na placa de Petri foi então combinada com água quente e filtrada através de papel de filtro. Depois de aquecer o papel durante 30 minutos a cerca de 525°C, ou até que todo o carbono tenha sido queimado, o papel com conteúdo de cinzas foi seco num prato. Utilizámos a seguinte fórmula para obter a quantidade total de cinzas a partir do último peso.

$$\text{Total ash on dry weight basis} = \frac{(W_2 - W)}{(W_1 - w)} \times 100$$

W1- Peso, em gm, da cápsula com o material seco tomado para repouso.

W2- Peso em gm da cápsula com as cinzas

W- Peso em gm da cápsula vazia

## Açúcar total (Nelson, 1944)

### Extração

Depois de triturar 0,5 g de tecido vegetal em 10 ml de acetona a 80%, o extrato foi centrifugado durante 5 minutos a 800 gramas por minuto. Adicionou-se água destilada ao sobrenadante até este atingir 10 ml.

### Hidrólise

Após a evaporação de 1 ml de extrato num banho de água, adicionou-se 1 ml de 1NH2SO4 e 1 ml de água destilada e incubou-se a mistura durante 30 minutos a 60 °C. Em seguida, neutralizar a solução de ensaio com NaOH 1N, utilizando o indicador vermelho de metilo, após a adição de duas gotas de metileno.

### Estimativa

Adicionou-se a este extrato de hidrólise um mililitro de reagente de cobre e aqueceu-se o tubo de ensaio em banho-maria durante 30 minutos. Depois de arrefecer o tubo de ensaio, juntou-se 1 mililitro do reagente de esenomidibdato. A mistura foi bem misturada, diluída com 25 ml de água destilada e medida com um espetrofotómetro a 495 nm.

### Cálculo

A absorvância corresponde a 0,1 ml de teste = x mg de glucose 1ml contém = x/0,1×10mg de glucose = % de açúcar redutor

## Estimativa das proteínas (Lowery *et al.*, 1951)

### Extração

Num almofariz e pilão, 100 mg de material fresco de folhas foram macerados com 10 mililitros de ácido triclorídrico a 20%. Após centrifugação do homogenato durante 15 minutos a 600 rpm, o sobrenadante foi eliminado. Depois de adicionar 5 ml de NaOH 0,1% ao sedimento, este foi centrifugado. Utilizando NaOH 0,1N, o sobrenadante foi recolhido e completado até 5 ml. A quantidade de proteínas totais foi estimada utilizando este extrato.

**Estimativa**

Adicionaram-se 5 ml de carbonato de sódio a 2% em NaOH 0,1 N + sulfato de cobre a 1% e um volume equivalente de tartarato de sódio e potássio a 2% a 0,5 ml de extrato e deixou-se no escuro durante 10 minutos. Após a adição de 0,5 ml de reagente folínico-ciocatecal e um período de espera de 10 minutos, o volume foi aumentado para 10 ml com água destilada e o espetrofotómetro foi utilizado para ler o resultado a 660 nm.

**Estimativa da antocianina (Beggs e Welmann,1985)**

Cinco gramas de material vegetal cortado em pequenos pedaços foram combinados com dez mililitros de metanol e Hcl numa proporção de 1:100 v/v, e a mistura foi deixada no escuro durante um dia inteiro. Em seguida, foi utilizado um espetrofotómetro para ler o extrato decantado a 525 nm.

Para calcular o teor de antocianinas, foi utilizada a seguinte fórmula

**Cálculo:**     $CV = 0.1 \times O.D525 \times 2 \times 10 = /g$ peso fresco

**Estimativa dos carotenóides (Arnon,1949)**

**Extração**

Uma amostra fresca de 500 mg foi triturada com 10 ml de acetona arrefecida com 80% de gelo e centrifugada a 2500 rpm durante 10 minutos a 4°C. Até o resíduo ficar incolor, este processo foi repetido. Depois de o extrato ter sido transferido para um tubo graduado, foram adicionados 10 ml de acetona a 80% e a amostra foi imediatamente testada.

**Estimativa**

A absorvância de três alíquotas de mililitro do extrato foi medida num espetrofotómetro a 645, 663 e 480 nm. A absorvância foi então calculada utilizando a fórmula.

**Cálculo:**   $C-(A.480) + (0.11 \times A.663) - (0.638 \times A.645)$

## Estudos de antioxidantes

### Flavanoides (Jagadish *et al.*, 2009)

$$\text{Calculation} \quad \frac{\text{mg quercetin}}{\text{gm of extract}}$$

### Estudos antioxidantes não enzimáticos

Após 5 minutos, adicionaram-se 1,5 mililitros de AlCl3 metanólico a 2% e 2 mililitros de NaOH 1mol dn-3 à mistura de 1,5 mililitros de extrato metanólico e 5 mililitros de água destilada e 0,3 mililitros de NaNo2 a 5%. Após 5 minutos, passaram-se 10 minutos de incubação e a mistura foi agitada bruscamente a 200 rpm durante 5 minutos num agitador orbital para reduzir o volume a 10 ml. A absorvância foi então medida num espetrofotómetro a 367 nm. O padrão da curva de calibração foi a quecetina.

### Ensaio de fenóis totais-

### Método de Folin - ciocalteau (Jagadish *et al.*, 2009)

Em balões volumétricos de 25 ml, foram adicionados 0,5 ml do extrato metanólico. Adicionaram-se ainda 10 ml de água destilada e 2,5 ml do reagente fenólico folin-ciocalteau. Após cinco minutos, a solução recebeu dois mililitros de Na2Co3 a 2% e foram adicionados 25 mililitros de água destilada. Após 90 minutos de repouso, mediu-se a absorvância a 780 nm com um espetrofotómetro. O padrão da curva de calibração foi a quecetina.

$$\text{Calculation} = \frac{\text{mg quercetin}}{\text{gm of dry weight of sample}}$$

$$= \frac{\text{O.D.} \times 0.42\,(\text{st value})}{0.1}$$

### Teor de ácido ascórbico (Omeye *et al.*, 1979)

### Extração

Foi utilizado TCA a 10% arrefecido pelo gelo para triturar um grama de tecido vegetal. A combinação foi então centrifugada durante 20 minutos a 3500 rpm, e o sobrenadante foi preservado.

### Estimativa

Adicionou-se dinitrofenil-hidrazina (1 ml) a 0,5 ml do

sobrenadante, juntamente com a tioureia e o reagente de sulfato de cobre. Os tubos foram então incubados a 37 °C durante três horas. Após a adição de 0,75 mililitros de ácido sulfúrico a 65% arrefecido pelo gelo, o tubo foi deixado à temperatura ambiente durante meia hora. Após o desenvolvimento da cor, o volume foi ajustado para 5 ml e o espetrofotómetro foi lido a 520 ou 540 nm. Calculou-se o teor de ácido ascórbico com base numa curva-padrão de ácido ascórbico; os resultados foram expressos em mg/g de peso fresco.

$$\text{Vitamin C \%} = \frac{A_1 \times W_2 \times PA_2 \times W_1}{}$$

Where $A_1$ = Peak area of sample solution $A_2$ = peak

area of standard solution $W_1$ = Weight in gm of

sample

$W_2$ = weight in gm of standard

P   = purity of standard ascorbic acid

## Enzimas antioxidantes (Kumar e Khan, 1982)

### Estimativa da peroxidase

Foi criada uma mistura homogénea de 1g da amostra e 20ml de meio gelado contendo 1mM EDTA e 2mM MgCl2. 7% de polímero de polivinil (PVP), 10% de β-mercaptoetanol e 10% de metabissulfito de sódio.

Depois de o homogenato ter sido filtrado através de duas camadas de pano de queijo e centrifugado durante 15 minutos a 10.000 rpm, o sobrenadante foi reduzido para 20 mililitros utilizando o mesmo tampão e utilizado como fonte de enzimas.

### Estimativa

A mistura do ensaio da peroxidase era constituída por dois mililitros de tampão fosfato 0,1M (pH 6,8), um mililitro de pirogalol 0,001M, um mililitro de hidrogénio peroxidase 0,005M e meio mililitro de extrato enzimático. A reação foi interrompida pela adição de 1 mililitro de ácido sulfúrico 2,5N à mistura reacional, depois de esta ter sido incubada durante 5 minutos a 25°C. Medindo a absorvância a 420 nm em relação ao branco, preparado pela adição do extrato após a adição de ácido sulfúrico 2,5N no tempo zero, foi possível determinar a quantidade de purpurogalleína gerada.

A unidade de medida da atividade foi a molécula de purpurogalleína produzida por minuto e por grama de material.

**Estimativa da extração de polifenol oxidase**

Foram utilizados 20 ml de um meio gelado contendo 2 mM de $MgCl_2$ e 1 mM de ácido etilenodiamino terracético (EDTA) para homogeneizar 1 g de amostra. Metabissulfito de sódio 10mM, polímero de polivinil (PVP) 7% e β-mercaptoetanol 10mM. Depois de o homogenato ter sido filtrado através de duas camadas de pano de queijo e centrifugado durante 15 minutos a 10.000 rpm, o sobrenadante foi reduzido para 20 mililitros utilizando o mesmo tampão e utilizado como fonte de enzimas.

**Estimativa**

A combinação do ensaio da peroxidase foi composta por 0,5 ml de extrato enzimático, 1 ml de catecol 0,1M e 2 ml de tampão fosfato 0,1M (pH 6,0). Após incubação da mistura de reação durante 5 minutos a 25°C, 1 mililitro de 2.

Adicionou-se ácido sulfúrico 5N para parar a reação. A 495 nm, mediu-se a absorvância da pupurogalleína produzida. Foram utilizadas unidades para exprimir a atividade enzimática. A quantidade de pupurogalleína produzida nas condições de ensaio, que aumentou a absorvância em 0,1 por minuto, é definida como uma unidade.

**Análise de amostras de solo**

No laboratório de análises de solos do Departamento de Agricultura em Karaikal, o solo de três locais onde foram recolhidas amostras, o solo experimental de vaso e de campo e o cocopeat de placas de viveiro foram examinados para determinar o pH disponível, a condutividade eléctrica, o carbono orgânico e o azoto, fósforo e potássio disponíveis.

## Enumeração da população de bactérias endofíticas

O teste da população bacteriana endofítica foi efectuado em amostras de raízes, caules e folhas de brinjal e bhendi de todos os períodos de tratamento no 30º, 60º e 90º dia, e os resultados foram tabulados. Foi pesado um grama de cada um dos seguintes materiais vegetais, macerado num pilão e almofariz com água destilada estéril, e o volume do extrato foi aumentado para dez mililitros: raízes, caules e folhas. Extraiu-se um mililitro e diluiu-se sucessivamente num tubo de ensaio cheio de água destilada esterilizada. Para o plaqueamento, foram selecionadas as diluições de 10-4, 10-5 e 10-6. Foi selecionada uma diluição de 10-5 para observar as colónias e contar a população.

### *Azospirillum sp.*

Utilizando um meio semissólido de azul de bromotimol isento de azoto, a população de Azospirillum no caule da raiz e nas folhas de brinjal e bhendi foi contada através da confirmação da formação de uma película fina 3-5 mm abaixo da superfície do meio, utilizando a abordagem NMP (Okan *et al.*, 1977).

### *Pseudomonas fluorescens*

Verificando colónias fluorescentes numa placa de ágar e empregando a técnica de plaqueamento com o meio de ágar King's B, procedeu-se à contagem visível de pseudomonas fluorescens e anotaram-se os resultados.

**Análise estatística**: Foram aplicados aos resultados experimentais três DPs amostrais.

# 4. RESULTADOS

O presente estudo teve como objetivo isolar, identificar e descrever os endófitos bacterianos *Pseudomonas sp.* e *Azospirillum sp.* eficazes na promoção do crescimento das plantas a partir de vegetais amplamente utilizados: Brinjal. Através de estudos em vasos e no terreno, a eficácia dos isolados bacterianos que se revelaram eficientes foi avaliada na planta brinjal e bhendi através da inoculação de sementes.

## Isolamento de endófitos bacterianos

O caule, as raízes e as folhas de brinjal e bhendi foram utilizados para isolar os endófitos bacterianos, que são numerados de acordo com a origem da amostra e o tecido a partir do qual o isolado foi obtido.

## De Brinjal

A partir da brinjal, obteve-se um total de vinte e oito isolados. Da amostra de planta colhida em Annamalainagar, foram isolados oito Azospirillum spp.: cinco da raiz, dois do caule e um da folha. Da amostra de plantas de Karaikal foram obtidos dois isolados da raiz, dois do caule e um da folha. Duas plantas que foram isoladas das suas raízes foram retiradas de Puthur. Foram obtidos treze isolados de Pseudomonas sp. em brinjal. Três isolados da raiz, dois do caule e apenas um da folha foram isolados de Annamalainagar. Dois isolados da raiz, um de cada um dos caules e um da folha foram isolados da planta que foi colhida em Karaikal. Duas raízes e um caule foram extraídos da amostra da planta de Puthur.

## Análises bioquímicas

Foram utilizados testes bioquímicos para caraterizar as estirpes isoladas de brinjal e bhendi.

## Estirpes isoladas de brinjal

## Produção de ácido a partir da glucose

Verificou-se que nove isolados *de Azospirillum sp.* produziam ácido, mas as restantes seis estirpes não o faziam. Cinco dos isolados *de Pseudomonas sp.* não produziram ácido a partir da glucose, enquanto oito dos isolados o fizeram.

**Utilização de diferentes fontes de carbono**

Dez isolados *de Azospirillum* sp. preferiram o malato, cinco isolados preferiram a fonte de succinato, dez isolados preferiram a frutose, mudando a cor do vermelho de fenol para amarelo, onze isolados preferiram o manitol e oito isolados não utilizaram as fontes de carbono fornecidas.

Relativamente às espécies de *Pseudomonas*, sete indivíduos mostraram uma preferência por malato, quatro por succinato, seis por manitol e sete por frutose manitol.

**Necessidades de biotina**

Seis dos isolados *de Azospirillum* não necessitaram de biotina para o metabolismo, enquanto nove dos isolados necessitaram. Relativamente a *Pseudomonas*, nenhum dos isolados utilizou biotina.

**Propriedade de desnitrificação**

Todos os isolados *de Azospirillum sp.* converteram nitrato em nitrito. Relativamente a Pseudomonas sp., registaram-se duas reduções de nitrato mas nenhuma de nitrito.

**Formação de endosporos**

Os isolados de *Azospirillum sp. e Pseudomonas sp.* da couve-brincadeira não produziram esporos em condições adversas.

**Coloração em gramas**

Cinco isolados de *Azospirillum sp.* de brinjal eram gram positivos e as restantes dez estirpes eram gram negativas. Todas as *Pseudomonas sp.* eram gram-negativas.

**Atividade da catalase**

Sete isolados de *Azospirillum sp.* apresentaram catalase positiva e os restantes oito isolados apresentaram catalase negativa. No que respeita a *Pseudomonas sp.*, sete eram catalase negativos e seis eram catalase positivos.

**Atividade oxidase**

Catorze estirpes de *Azospirillum sp.* eram oxidase positivas e o resto de um isolado era negativo. Entre as Pseudomonas *sp.*, nove isolados eram oxidase positivos e os restantes quatro eram oxidase negativos.

**Motilidade** Todos os isolados de *Azospirillum sp. e Pseudomonas sp.* eram móveis.

### Rastreio de *Azospirillum* e *Pseudomonas*
### Isolados de Brinjal

A percentagem máxima (3,05) de fixação de azoto registada com o ABRK10 e o valor mínimo de 1,14% registado com o ABRU2 de isolados de *Azospirillum*. A produção de IAA variou entre 0,18 e 1,60 µg. No que diz respeito aos isolados de *Pseudomonas,* a fixação de azoto foi observada em apenas dois isolados (0,81% e 1,02%). Mas todos os isolados produziram IAA entre 0,05 e 1,80 µg.

### Caracterização molecular por 16srRNA

A análise da sequência de 16srRNA e a construção da árvore de filogenia confirmaram AORU5 e PBRU3 como *Azospirillum brasilense* e *Pseudomonas fluorescens*, respetivamente (Fig. 2 e 3).

### Observações em proplacas

Os parâmetros como a percentagem de germinação de sementes, altura da planta via. O comprimento da raiz e do rebento, o número de folhas nas plântulas e o teor de pigmentos foram observados nas placas após 15 e 30 dias a partir do dia da sementeira (DOS) em brinjal e bhendi.

### Brinjal

O comprimento do broto e da raiz e o número de folhas da berinjela foram observados no máximo em sementes que receberam 100% de fertilizante químico com *A. brasilense* e *P. fluorescens* do que em sementes que receberam 75% de fertilizante químico com *A. brasilense* e *P. fluorescens*. Tendência similar de resultados foi observada no conteúdo de clorofila das folhas.

### Experimento com vaso

Parâmetros de crescimento de brinjal Comprimento de broto e raiz (Tabela 13). O efeito estimulante da altura da planta foi mais pronunciado em plantas tratadas com 100% de fertilizantes químicos mais *A. brasilense* e *P. fluorescens* (48,16cm) seguido pela inoculação de 75% de fertilizantes químicos mais *A. brasilense* e *P. fluorescens* (46,38cm). Na aplicação individual, o comprimento do rebento foi máximo nas plantas que receberam 75% de fertilizantes químicos com *P. fluorescens* (42,12cm) seguido de 75% de fertilizantes químicos com *A. brasilense* (41,12cm) em comparação com o controlo (25,09cm). O comprimento da raiz foi bem pronunciado na inoculação combinada de 100% de fertilizantes químicos com *A. brasilense* e *P. fluorescens* (15,33cm) do que as plantas tratadas com 75% de fertilizantes químicos com *A. brasilense* e *P. fluorescens* (15,2cm). Na aplicação individual, o comprimento da raiz foi observado no máximo em T2 (14,22cm) seguido por T3 (14,20cm) inoculado com A. brasilense, comparado com a inoculação de P. fluorescens - T5 (13,29cm), T4 (13,19cm) e controle T1 (12,50cm).

**Pigmento fotossintético das folhas**

O pigmento fotossintético máximo foi observado em plantas tratadas com *A. brasilense* + *P. fluorescens* juntamente com 100% de fertilizantes químicos, seguido pela inoculação de 75% de fertilizantes químicos com *A. brasilense* + *P. fluorescens* (Total chl-4.Na aplicação individual, a clorofila total foi alta em T2 inoculado com *A. brasilense* (3,15mg) seguido por T4 inoculado com *P. fluorescens* (2,58mg) comparado com T3 (3,15mg), T5 (3,15mg) e controle T1 (2,29mg).

**Número de folhas, ramos e flores**

O número de folhas, ramos e flores foi máximo em T6 (31.18, 3.38 e 12.87) comparado com T7 (30.63, 3.00 e 12.75). O número de folhas foi maior em T4 (29,44) do que em T2 (28,12) na aplicação individual de *Azospirillum brasilense* e *Pseudomonas fluorescens*, seguido por T5 (28,10), T3 (27,06) e T1 (22,46). Não foram observados ramos no 30º e 60º DAT. Na aplicação individual, o número máximo de flores foi observado aos 90 DAT em T2 (2,41) seguido por T3 (2,27) e T5 (2,29), T4 (1,86) e T1 (1,12). Aos 30 DAT, não houve produção de flores em todos os vasos. Aos 60 DAT, o máximo de flores foi registado em T3 (5.45) seguido de T4 (5.28), T2 (5.02) e em T5 (5.00). O número de flores foi máximo em T4 (12,47) seguido por T2 (12,33), T3 (12,00), T5 (11,00) e T1 (7,39) aos 90 DAT.

**Parâmetros de rendimento da brinjal**

Parâmetros de produtividade como, número de frutos por planta, peso do fruto, comprimento do fruto, circunferência do fruto e número de sementes por fruto foram máximos em T6 (13,22, 7,02g, 9,09cm, 147,26 e 1507,02) comparado a T7 (13,09, 7,00gm, 8,71cm, 138,02 e 1413,06). Na aplicação individual, o número máximo de frutos foi observado nas plantas inoculadas com *A. brasilense* juntamente com 100% e 75% de adubo químico, seguido por T2 (13,10), T3 (12,16), T4 (12,07), T5 (11,18) e T1 (8,11). O peso do fruto foi alto em T2 (6.12m) seguido por T4 (6.10gm), T5 (6.06g), T3 (6.05g) e T1 (4.16m). O comprimento máximo do fruto foi observado em T3 (8,46cm) seguido de T5 (8,28cm), T2 (8,05cm), T4 (7,80cm) e T1 (7,15cm). A circunferência do fruto foi máxima em T2 (143,16), seguida por T4 (140,08), T5 (133,24), T3 (133,14) e T1 (134,05). O número máximo de sementes foi registado em T5 (1409.04) seguido de T4 (1329.14), T3 (1317.17), T2 (1306.00) e T1 (1274.02).

**Experiência de campo Parâmetros de crescimento da brinjal**
**Comprimento dos rebentos e das raízes**

O efeito estimulador do comprimento da raiz e do caule foi mais pronunciado na adubação química a 100% com A. *brasilense* e *P. fluorescens* (56,18cm) seguido da inoculação de 75% de adubos químicos com *A. brasilense* e *P. fluorescens* (53,12cm). Na aplicação individual, 75% de adubo químico com *A. brasilense* - T3 (47,32cm) seguido de T5 -100% de adubo químico com *P. fluorescens* (42,22cm), T2 (42,15cm), T4 (37,62cm) e T1 (32,99cm). O comprimento da raiz foi bem pronunciado em plantas que receberam 100% de adubação química com *A. brasilense* e *P. fluorescens* (16,82cm) do que 75% de adubação química com *A. brasilense* e *P. fluorescens* (15,77cm). Na aplicação individual, o comprimento da raiz foi observado no máximo em T3 (17,16cm) seguido por T4 (16,08cm), T2 (15,29cm), T5 (15,06cm) e controle T1 (13,09cm).

**Pigmento fotossintético das folhas**

Os pigmentos fotossintéticos Clorofila 'a', Clorofila 'b' e Clorofila total foram observados em maior quantidade nas plantas tratadas com 100% de adubos químicos com *A. brasilense* e *P. fluorescens* (Total chl-4,25mg) seguido da inoculação de 100% de adubos químicos com *A. brasilense* e *P. fluorescens* (Total chl-4,21mg). Na aplicação individual, a clorofila total foi maior nas sementes tratadas com 100% de adubos químicos com *A. brasilense* T2 (3,77mg), seguida das sementes tratadas com 75% de adubos químicos com *A. brasilense* T3 (3,34mg), T4 (3,16mg), T5 (2,94mg) e controle T1 (2,20mg).

**Número de folhas, ramos e flores**

O número de folhas, ramos e flores foi máximo na inoculação combinada de T6 do que T7. Na aplicação individual, observou-se maior número de folhas nas sementes tratadas com 75% e 100% de adubo químico com *A. brasilense* T3 (24,36) seguido de T2 (22,22), T5 (22,10), T4 (20,44) e controle T1 (20,06). Não foram observados ramos aos 30 e 60 DAT em T1 e T4. Mas em T3 - plantas tratadas com 75% de adubo químico com *A. brasilense* (2,12) e T5 - plantas que receberam 75% de adubo químico com *P. fluorescens* (2,00) foram observados dois ramos. Apenas um ramo foi registrado em T2 - 100% de adubação química com *A. brasilense* (1,77). Aos 90 DAT, o máximo de ramos foi observado no T2 (4,71) seguido do T5 (4,29), T3 (3,25), T4 (03,18) e T1 (3,06). Aos 30 DAT, não foram produzidas flores em todos os vasos (o período de floração começa após 42 dias em bhendi). Aos 60 DAT, o máximo de flores foi produzido em T3 (8.05) seguido por T2 (7.52), T5 (7.00), T4 (6.78) e T1 (4.89). Aos 90 DAT, o número de flores foi máximo em T5 (19,00) seguido por T3 (18,70), T2 (18,23), T4 (15,87) e T1 (12,29).

**Constituições bioquímicas do fruto da brinjal**

Constituições bioquímicas tais como humidade, cinzas, fenóis, hidratos de carbono proteicos, flavonóides, carotenóides, ácido ascórbico, peroxidase e polifenoloxidase. As constituições bioquímicas foram máximas na inoculação combinada de T6 do que de T7. Na aplicação individual, a porcentagem de umidade foi máxima em T4 - sementes tratadas com 100% de fertilizante químico *P. fluorescens* com (88%) seguido pela aplicação de A. *brasilense* T2 e T3 (85%) do que em T5 (82%) sobre o controle não inoculado - T1 (80%). O teor de açúcar foi alto em T3 (5,50mg) seguido por T4 (5,17mg), T2 (5,10mg), T5 (5,29mg) e T1 (3,75mg). O teor máximo de cinzas foi encontrado em T4 (0,53%) seguido por sementes tratadas com 100% e 75% de inoculação de *A. brasilense* - T4 (0,53%) e T2 (0,52%) do que T5 (0,49%) em comparação com T1 (0,35%). Antioxidantes não enzimáticos, fenóis observados no máximo em T3 (5,05mg) seguido por T2 (5,02mg), T5 (4,80mg), T4 (4,68mg) e T1 (4,20mg). O ácido ascórbico (Vitamina C) foi encontrado no máximo em T2 (7.33) seguido por T3 (6.91), T4 (6.21), T5 (6.10) comparado com o controlo - T1 (4.38). O teor de proteína foi máximo em 100% de fertilizante químico com *A. brasilense* - T2 (0,84mg) seguido por T4 (0,82mg), T3 (0,73mg), T5 (0,61mg) e controle T1 (0,61mg). O pigmento de antocianina foi máximo em T4 (0,530) seguido por similar em T2 (0,520), T3 (0,480mg). T5 (0,480) em relação ao controlo (0,036). Antioxidantes enzimáticos, a peroxidase foi máxima em 75% de fertilizante químico com *A. brasilense* T3 (5,26mg) seguido por T5 (5,06mg), T2 (4,83mg), T4 (4,79mg) e T1 (4,12mg). A polifenoloxidase foi máxima em T3 (5,48mg), seguida por T5 (5,28mg), T2 (5,03mg), T4 (4,82mg) e T1 (4,45mg).

**Parâmetros de crescimento do bhendi Comprimento do rebento e da raiz**

Houve aumento significativo do comprimento da raiz e do broto observado nas plantas tratadas com (T6) 75% de adubos químicos com *A. brasilense* e *P. fluorescens* (75,12) do que nas plantas T7 aplicadas com 100% de adubos químicos com os mesmos inoculantes (72,30cm). Na aplicação individual, o comprimento da parte aérea foi maior em T3 tratado com 75% de adubo químico com *A. brasilense* (67,26cm) seguido de T2 - recebeu 100% de adubo químico com *A. brasilense* (67,20cm), T4 (66,40cm), T5 (64,37cm) e T1 (55,82cm).

O comprimento da raiz foi bem pronunciado em plantas aplicadas com 75% de fertilizantes químicos combinados com *A. brasilense* e *P. fluorescens* (20,62cm) do que T6 que recebeu 100% de fertilizantes químicos com A. *brasilense* e *P. fluorescens* (18,25cm). Entre as aplicações individuais de isolados bacterianos, o comprimento máximo de raiz foi observado em T2 (17,24cm) seguido por T3 (16,32cm), T4 (16,19cm), T5 (16,12cm) e controle T1 (15,84cm).

**Pigmento fotossintético das folhas**

Os pigmentos fotossintéticos Clorofila 'a', Clorofila 'b' e Clorofila total foram registados ao máximo em T7 (Clorofila total-4,40mg) seguido de T6 (Clorofila total-4,15mg). Em relação à aplicação individual, a clorofila total foi maior em sementes inoculadas com *P. fluorescens* T5 (2,84mg) seguido de T4 (2,60mg), T3 (1,88mg) T2 (1,86mg), T4 (1,39mg) e controlo T1 (1,20mg).

**Número de folhas, ramos e flores**

Número de folhas, número de ramos e flores foram máximos em T7 recebido com 75% de fertilizantes químicos com *A. brasilense* e *P. fluorescens* (34,09, 5,11 e 18,32) do que em T6 - 100% de fertilizantes químicos com *A. brasilense* e *P. fluorescens*. Houve maior número de folhas observadas em T3 tratado com 75% de fertilizantes químicos com *A. brasilense* T3 (27,42). Na inoculação com *P. fluorescens*, T5 (25,19) apresentou maior número de folhas seguido por T4 (24,53) e T1 (20,12). Não foram observados ramos aos 30 e 60 DAT em T1 T2 e T5. Mas em T3- recebeu 75% de fertilizantes químicos com *A. brasilense* e T4- aplicado com 100% de fertilizantes químicos com *P. fluorescens* (1,00) mostrou apenas um ramo aos 60 DAT. Aos 90 DAT, mais ramos foram observados em T4 (3,44) seguido por T3 (3,13), T5 (2,18), T2 (2,04) e controle T1

(1,52). Aos 30 DAT, não foram produzidas flores em todos os vasos (o período de floração começa após 42 dias em bhendi). Aos 60 DAT, o máximo de flores foi produzido em sementes inoculadas com *A. brasilense* - T3 (8.03) seguido por T2 (7.18), T5 (7.05), T4 (6.62) e T1 (5.17). Aos 90 DAT, o número de flores foi máximo em T3 (16,12), T2 (16,06), T4 (15,71), T5 (14,20) e T1 (9,88) aos 90 DAT.

**Enumeração da população de bactérias endofíticas**

**Brinjal**

Aos 90 dias de amostragem na amostra de raiz, a maior densidade populacional de A. brasilense ($10,00 \times 10\text{-}5$ ufc/g de peso fresco) foi observada em T3 em comparação com T2 na aplicação individual. Na aplicação isolada de P. fluorescens, os tecidos radiculares colonizaram o maior número de cepas ($20,62 \times 10\text{-}5$ ufc/g de peso fresco) aos 90 dias em T4 em relação a T3, quando se considerou raiz e caule e demais dias de amostragem (30 e 60 dias). As leituras máximas foram observadas em cada dia de amostragem quando A. brasilense e P. fluorescens foram aplicados juntos. Mas o valor máximo de *A. brasilense* ($22,33 \times 10\text{-}5$) e *P. fluorescens* ($24,66 \times 10\text{-}5$ cfu/g de peso fresco) foi registado aos 90 dias em amostras de raiz de T6 quando comparado com T7 e outros tecidos. A população bacteriana endofítica foi observada ao máximo na raiz, que é o local primário de infeção/entrada e pode povoar todas as fases de desenvolvimento da planta, desde a semente até à maturidade. A população bacteriana aumentou gradualmente de 30 dias para 90 dias. O valor máximo foi observado aos 90 dias na amostra de raiz.

**Análise do solo**

Propriedades físico-químicas do solo de onde a amostra de plantas foi colhida O solo argiloso é encontrado em três locais de colheita. O pH foi máximo na amostra de solo de Puthur (7,8) em comparação com outras duas amostras de solo recolhidas em Annamalainagar (AN) (7,6) e Karaikal (7,2). A amostra de solo de AN tem uma condutividade eléctrica máxima (0,82), seguida do solo de Karaikal (0,64) e do solo de Puthur

(0,56). O carbono orgânico do solo foi observado em maior quantidade no solo de Puthur, seguido do solo de AN (0,54) e do solo de Karaikal (0,49). Os macronutrientes azoto e fósforo foram encontrados em maior quantidade na amostra de solo recolhida em Karaikal (N-122.12, P-13.67) do que nos outros dois solos (AU-N-119.16, P- 12.87) e Puthur - (N-116.10, P-10.86). O potássio foi mais elevado na amostra de solo de Puthur (256,17), seguido da amostra de solo de AN (246,50) e da amostra de solo de Karaikal (234,20) (Quadro 33).

**Propriedades químicas do cocopeat**

O cocopeat utilizado como substrato nas proplacas apresentou resultados analíticos de pH - 6,15, 0,482mmhos/cm/25°C - condutividade eléctrica, 10% de carbono orgânico, 0,5% de azoto, 0,022% de fósforo, 0,2% de potássio, 10,76% de humidade, 5,87% de cinzas e 92,23% de matéria orgânica (Quadro 34).

**Propriedades químicas do solo da experiência em vaso**

Antes do plantio das mudas, as propriedades químicas das mudas foram registradas e tabuladas. Após a colheita, o pH aumentou em T7 - inoculação combinada de 75% de adubo químico com *A. brasilense* e *P. fluorescens* (8,14) seguido de T6 - 100% CF com *A. brasilense* e *P. fluorescens* (7,10). Na aplicação individual, um aumento do pH foi observado em T2 - 100% fertilizante químico com *A. brasilense* (7,22) seguido por T4 - 100% CF com *P. fluorescens* (7,10), T3 - 75% CF com *A. brasilense* (6,85) e T5 - 75% fertilizante químico com *P. fluorescens* (6,28) sobre o controle - T1 (6,42). A CE também foi máxima em T7 (1,02), seguida por T6 (0,94), T2 (0,87), T3 (0,71), T5 (0,68), T4 (0,66) e T1 (0,61). Carbono orgânico e macronutrientes foram observados mais na inoculação combinada T7 (C- 1.40, N- 128.30, P- 9.50 e K- 2.18) seguido pela inoculação combinada T6 (C-1.32, N- 128.10, P-9.43, e K-2.16). Na inoculação individual, o carbono orgânico foi maior em T6 (0,80) seguido por T2 (0,72), T3 (0,70), T4 (0,65) e T1 (0,48). O conteúdo de nitrogénio foi observado no máximo em T5 (121.08), T3 (119.02), T4 (116.22), T2

(111.33) e T1 (85.25). O teor de fósforo foi alto em T5 (8,62) seguido por T2 (7,75), T4 (7,22), T3 (7,20) e T1 (7,19). O potássio foi máximo em T2 (1,80) seguido por T5 (1,44), T3 (1,55), T4 (1,32) e T1 (1,28) (Tabela 35).

**Propriedades químicas do solo da experiência de campo**

Antes do plantio das mudas, as leituras das propriedades químicas do solo foram registradas e tabuladas. Após a colheita, o pH aumentou em T7 - inoculação combinada de 75% de fertilizante químico com *A. brasilense* e *P. fluorescens* (8,12), seguido de T6 - 100% de fertilizante químico com *A. brasilense* e *P. fluorescens* (7.16), T4 - 100% CF com *P. fluorescens* (7.1), T2 - 100% fertilizante químico com *A. brasilense* (7.2), T5 - 75% CF com *P. fluorescens* (6.9), T3 - 75% fertilizante químico com *A. brasilense* (6.9), e T1 (controle) (6.8). A CE também foi máxima em T7 (0,89), seguida por T6 (0,77), T3 (0,65), T2 (0,58), T5 (0,50), T4 (0,47) e T1 (0,42). O carbono orgânico e os macronutrientes foram observados mais na inoculação combinada T7 (C- 1,44, N- 128,31, P- 9,60 e K- 2,28) seguido pela inoculação combinada T6 (C-1,37, N-130,14, P-9,53, e K-2,17). Na inoculação individual, o carbono orgânico foi maior em T5 (0,88) seguido por T2 (0,78), T3 (0,72), T4 (0,68) e T1 (0,65). O conteúdo de nitrogénio foi observado no máximo em T3 (120.12) seguido por T5 (120.08), T4 (118.23), T2 (112.43), e T1 (87.35). O teor de fósforo foi alto em T5 (8,72) seguido por T2 (7,85), T4 (7,24), T3 (7,21) e T1 (7,65). O potássio foi máximo em T2 (1,56) seguido por T5 (1,54), T3 (1,34), T4 (1,25) e T1 (1,18).

# 5. DISCUSSÃO

Foi demonstrado que os endófitos bacterianos promovem o crescimento das plantas através da secreção de hormonas relacionadas com o crescimento das plantas, fixando azoto e reforçando a resistência das plantas às infecções. Embora a zona radicular seja a principal via pela qual os endófitos entram no tecido vegetal, também podem entrar através das partes aéreas da planta, incluindo os caules, as flores e os cotilédones. Quase todas as plantas em estudo têm endófitos fixadores de azoto (Ulrich *et al.*, 2008).

No presente estudo, foi efectuado um esforço para separar, identificar e descrever endófitos bacterianos eficazes do vegetal muito utilizado, a couve-brinjal, bem como para validar a funcionalidade destes endófitos. Foram utilizadas amostras de raízes, caules e folhas de Brinjal de três locais diferentes para isolar os endófitos bacterianos. Os endófitos bacterianos eram mais prevalentes na raiz, depois no caule e na folha. A eficácia das estirpes isoladas na produção de IAA e na fixação de azoto foi avaliada bioquimicamente. Foram escolhidas duas estirpes com base na sua eficácia, e o seu desempenho foi avaliado em termos de rendimento e crescimento da brinjal. Embora existam cinco vias conhecidas do triptofano para o IAA, apenas três dessas vias são utilizadas pelas bactérias durante a síntese metabólica do IAA (Lambretcht *et al.*, 2000; e Costacurta *et al.*, 1998).

A excreção de auxina no estudo sobre P.f.M.3.1 foi registada por Benizri *et al.*, (1998) como sendo de 2,5µg/ml. Leinhos e Vacek (1994) e Prikryl et al. (1985) relataram a capacidade de produção de auxina de bactérias rizosféricas em dois estudos distintos efectuados com *P. fluorescens*. As quantidades de produção de auxina registadas foram 1,6-3,3 mg/l e 0,01-3,93 mg/l, respetivamente. Registou-se um total de vinte e oito isolados de brinjal. Cinco isolados da amostra de plantas de Karaikal, oito da amostra de plantas obtida em Annamalainagar e um da amostra de plantas colhida em Puthur incluíam *Azospirillum spp.* Foram obtidos treze isolados de *Pseudomonas sp.* a partir de brinjal. Em Annamalainagar, registaram-se seis isolados. Quatro plantas foram isoladas das que foram colhidas em Karaikal. Foram identificadas três estirpes da amostra de plantas de Puthur. As espécies mais prevalecentes associadas ao termo "endófito" são as bactérias. As bactérias endofíticas habitam um nicho bastante exclusivo nas plantas, onde melhoram a aptidão do hospedeiro e recebem em troca nutrientes e proteção (Wilson, 1995). O número mais elevado de *Azospirillum sp.* e *Pseudomonas sp.* foi encontrado em amostras de plantas colhidas em Annamalai nagar quando comparadas com amostras de vários locais. Os endófitos podem espalhar-se por toda a planta ou ficar isolados no local de entrada (Hallmann *et al.*, 1997). De acordo com Jacobs *et al.* (1985), Patriquin e Dobereiner (1978), e Bell *et al.* (1995), estas bactérias podem viver dentro das células, nos espaços intercelulares, ou dentro do sistema vascular.

Denise *et al.*, (2002) de cebola e trigo, Quadt-Hallmann *et al.*, (1997) de algodão, Pharm Quang Hung e Annapurna (2004) de soja, Natarajan et al. (2012) de tomate e malagueta, Phyllis Ann Carde (2010) de espinafres, Mbai *et al.*, (2013) de arrozais, Jacobs *et al.*, (1985); Yingwu *et al*, (2009) de beterraba sacarina, Prasad *et al.*, (2001) de várias variedades de arroz, Kloepper *et al.*, (1980) de tubérculos de batata, Abdul Munif *et al.*, (2012) de tomate, Umesh Kumar *et al.*, (2011) de Emblica officinalis, Samrah Tariq *et al.*, (2009) de malagueta, Monique *et al.*, (2003) de cenoura.

No que diz respeito à fixação de azoto destinada a *Azospirillum,* o isolado *Azospirillum* AORU5 apresentou a maior percentagem de fixação de azoto. Em relação aos isolados *de Pseudomonas*, no entanto, apenas cinco isolados demonstraram uma fixação positiva de azoto, com o isolado PBRU3 a registar o resultado mais elevado. A geração de IAA foi demonstrada por todos os isolados de *Azospirillum* e *Pseudomonas* de brinjal, com os isolados AORU5 e PBRU3 apresentando o valor mais alto.

Rasul *et al.*, (1998), Bilal e Malik (1987) e Bilal *et al.*, (1990b) tinham anteriormente publicado resultados no mesmo sentido. De acordo com Vermeiren *et al.* (1999), a estirpe A15 era uma estirpe de *P. stutzeri* que fixava azoto. A lista de diazotróficos inclui atualmente pelo menos cinco espécies de *P. stautzeri, P. diazotrophicus, P. saccharophila, P. paucimobilis* e *P. azotocolligans* (Eady 1992). Dado que a maior parte das PGPR gram-negativas investigadas até à data dizem respeito a pseudomonas não diazotróficas ou a estirpes de *não-Pseudomonas* fixadoras de azoto, é intrigante considerar a possibilidade de as pseudomonas fixadoras de azoto poderem apresentar caraterísticas de promoção do crescimento das plantas (Lucy *et al.*, 2004).

Uma forte prova de que *a Pseudomonas* PBRU3 pertence a este género e não a *Azospirillum*, como anteriormente referido, é fornecida pela maior capacidade de fixação de azoto e produção de IAA da estirpe entre os isolados de *Pseudomonas* (Bilal *et al.*, 1990). Após a caraterização molecular, foram adicionados 100% e 75% de FTR à brinjal em experiências de vaso e de campo para verificar a eficácia dos isolados na melhoria do crescimento, rendimento e qualidade da cultura.

O presente estudo constatou que os níveis mais elevados de clorofila 'a' e 'b' em brinjal foram encontrados quando *A. brasilense* e *P. fluorescens* foram infectados duas vezes com 100% de fertilizante químico, em oposição a uma vez com 75% ou 100% de fertilizante inorgânico e um controlo não inoculado em proplates, vasos e experiências de campo. Estes resultados são consistentes com os de Kiran *et al.*, (2010) com brinjal e Singh e Verma (1991) relativamente ao tomate. Ying Wu e colegas (2010) na capacidade fotossintética da beterraba sacarina.

Um aumento do teor de clorofila promoveu a capacidade fotossintética, que por sua vez promoveu a síntese de hidratos de carbono. É provável que as bactérias e as fito-hormonas tenham trabalhado em conjunto para alcançar o maior rendimento máximo da fotossíntese em (Ying wu et al., 2010). A chave enzimática primária para todos os ciclos metabólicos, incluindo o ciclo de Calvin no organelo semiautónomo do cloroplasto, é produzida por endófitos bacterianos. Ao produzirem os ácidos orgânicos necessários para o ciclo metabólico para captar mais energia da luz, os endófitos bacterianos aumentaram significativamente os teores de clorofila (Satyanarayana, 2005, Textbook of Biotechnology). Em brinjal, a inoculação dupla de *A. brasilense* e *P. fluorescens* com 100% de fertilizante químico resultou em um aumento substancial nos parâmetros de crescimento em comparação com 75% de fertilizante químico com *A. brasilense* e *P. fluorescens*. Em pró-placas, vasos e experimentos de campo com a planta de berinjela, descobriu-se que 75% de fertilizante inorgânico com *A. brasilense* foi o máximo em relação a 100% de fertilizante inorgânico com *A. brasilense* ou *P. fluorescens*.

De acordo com o Manual de Biotecnologia de Satyanarayana de 2005, é evidente que a produção de metabolitos (Auxinas) por microrganismos (Bactérias) melhora/aumenta significativamente o comprimento da raiz para absorver a nutrição e os minerais da planta através de uma colonização eficaz na raiz e aumenta o comprimento do rebento através da divisão celular, produzindo hormonas de crescimento (Gibberelinas). Chaudhari e Vihol (2011) observaram relatórios semelhantes, afirmando que a aplicação de 75% da dose recomendada de fertilizantes químicos (75: 37,5 kg NP ha-1) em combinação com biofertilizantes, especificamente *Azospirillum* e fosfobactérias em brinjal, resultou num aumento significativo da altura da planta e do número de ramos. Raman Ramesh e Gauri Savita Phadke (2012) relataram a eficácia de *Pseudomonas* no aumento do crescimento das plantas e o seu envolvimento no controlo de *R. solanacearum* na beringela. Segundo Kami *et al.* (2002), os inoculantes microbianos aumentaram consideravelmente o rendimento e as caraterísticas de qualidade da beringela quando comparados com o controlo. À medida que a quantidade de azoto químico aumentava, ambos os inoculantes apresentavam um melhor desempenho.

No entanto, a sua combinação com um nível de 75% de azoto químico teve um melhor desempenho, produzindo resultados comparáveis aos obtidos com um nível de 100% de azoto químico sem inoculação. Em relação às caraterísticas de rendimento e à composição bioquímica dos frutos de brinjal, os resultados mostraram que a inoculação dupla de *A. brasilense* e *P. fluorescens* com 100% de fertilizante químico produziu leituras mais significativas do que a inoculação dupla com 75% de fertilizante químico. Em um experimento de campo e em vaso envolvendo a brindila, descobriu-se que a quantidade máxima de fertilizante inorgânico a ser usada em conjunto com A. brasilense era 75%, em oposição a 100% quando se usava *A. brasilense* ou *P. fluorescens*. De acordo com Sethi e Adhikary (2009), a aplicação de estirpes *de Azotobacter* específicas da região resultou num aumento significativo da biomassa, altura da planta, número de folhas e número de flores em três culturas: *L. esculentum, S. melongena* e *C. annuum.* O rendimento aumentou em 17%, 23,7% e 28,8%, respetivamente, em relação ao controlo.

Muitos indicadores de crescimento, tais como um aumento na biomassa da planta, absorção de nutrientes, conteúdo de N do tecido, altura da planta, tamanho da folha, número de perfilhos, comprimento da raiz e volume em diferentes cereais, podem mudar significativamente quando as plantas são injetadas com *Azospirillum* (Okon, 1985; Wani, 1990). A maior concentração de componentes bioquímicos em frutos de brinjal foi observada em plantas que receberam 100% de fertilizante químico contendo A. brasilense e P. fluorescens. Em contraste, a qualidade dos frutos de bhendi mostrou-se mais alta com 75% de fertilizante químico contendo *P. fluorescens* e *A. brasilense*. Ao gerar ácidos orgânicos necessários para a síntese de sabores, cores de frutos, antioxidantes e outros componentes do rendimento, os endófitos bacterianos também aumentam os componentes do rendimento (Satyanarayana, 2005, Textbook of Biotechnology).

Em um experimento de campo com a cultura da berinjela, as densidades populacionais da cultura bacteriana injetada que vive como endófita dentro da raiz, caule e folhas através da colonização bem-sucedida a partir da semente foram medidas aos 30, 60 e 90 dias. Quando *A. brasilense* foi aplicada individualmente, as amostras de raiz revelaram densidades populacionais mais altas no dia 90 em T3 do que em T2, quando comparadas a outros tecidos e dias de amostragem (30 e 60 dias). Quando *P. fluorescens* foi aplicada individualmente, os tecidos de raiz tinham mais isolados no dia 90 em T4 do que em T3, quando comparados aos dias de amostragem 30 e 60.

As leituras máximas foram observadas em todos os dias de amostragem quando *A. brasilense* e *P. fluorescens* foram inoculados juntos. No entanto, em comparação com T6 e outros tecidos, a inoculação combinada de ambos os isolados demonstrou um valor máximo no 90º dia na raiz (T7).


Foram observadas tendências semelhantes nos dados relativos à beringela; a população bacteriana endofítica demonstrou ser mais abundante na raiz, que serve como principal fonte de infeção e entrada e pode proliferar nas plantas em qualquer fase de crescimento, desde a semente até à maturidade.

As densidades populacionais de bactérias endofíticas nativas nas raízes foram determinadas como sendo de 10-5 ufc/g-1 de peso fresco da raiz por Hallmann *et al.* (1997). Como a densidade populacional tipicamente decresce acropetalmente, com densidades médias de 10-4 ufc/g-1 de peso fresco no caule e 10-3 ufc/g-1 de peso fresco nas folhas, isto é mais elevado do que em qualquer outro órgão da planta. As flores, os frutos e as sementes são exemplos de órgãos generativos que são ocupados por um número ainda menor de organismos e estão frequentemente abaixo do limite de deteção.

Vários trabalhadores relataram resultados comparáveis. No entanto, as densidades populacionais declaradas podem variar muito com base no tipo de planta, metodologia e outros factores. Bactérias endofíticas nativas em raízes foram encontradas em densidades comuns que variam de 10-4 a 10-6 ufc/g-1 para algodão e milho doce (Mcinroy e Kloepper, 1994); 10-3 a 10-6 ufc/g-1 para beterraba açucareira (Jacobs *et al*, 1985); 4,0×10-2 a 1,3×10-4 ufc/g-1 para o algodão (Hallmann *et al*., 1997 a; Misaghi e Donndelinger 1990); 10-5 ufc/g-1 para as batatas (Krechel *et al*., 2002) e 10-5 ufc/g-1 para as plântulas de pinheiro (Shishido *et al*., 1995).

De acordo com Ines E. Garcia de Salamone et al. (2012), a inoculação de arroz com *P. fluorescens* e *A. brasilense* resultou em densidades populacionais significativamente maiores. O tamanho proporcional da população ainda é desconhecido devido à falta de estatísticas fiáveis. Como resultado, os micróbios produzem metabolitos que incluem metabolitos primários como vitaminas e nucleósidos, que são necessários para o material nuclear ADN, e aminoácidos, que são essenciais para a estrutura e função das células. Os antibióticos utilizados nos sistemas de defesa e as hormonas de crescimento como as giberelinas, que promovem o desenvolvimento das plantas, são exemplos de metabolitos secundários. Quando comparadas com o solo examinado para as experiências de campo e de vaso, as caraterísticas físico-químicas do solo de onde foram retiradas as amostras de plantas revelaram melhores qualidades, como o pH, a CE, o carbono orgânico, o azoto, o potássio e o fósforo.

Um elemento muito importante no cultivo das culturas é o fertilizante. A aplicação de fertilizantes é necessária para melhorar o estado nutricional do solo e aumentar o rendimento das culturas. Para a manutenção da fertilidade e o desenvolvimento das culturas, as plantas necessitam de nutrientes como o azoto (N), o fósforo (P), o potássio (K), o cálcio (Ca), o sódio (Na) e o enxofre (S). Devido aos seus papéis especializados, estes nutrientes precisam de ser dados às plantas nos momentos e quantidades adequados.

Níveis inadequados de nutrientes essenciais fazem com que a cultura tenha um fraco desempenho, afectando o crescimento e produzindo um baixo rendimento (Shukla e Naik, 1993).

No entanto, Singh *et al.*, (2010) verificaram que o inóculo microbiano melhorou as caraterísticas do solo. Foi demonstrado que algumas sequências de culturas favorecem o desenvolvimento de populações de endófitos bacterianos que promovem o crescimento das plantas. Foi documentado que numerosas espécies agrícolas, hortícolas e florestais incluem endófitos bacterianos nos seus tecidos de raízes, caules, folhas, frutos e tubérculos. A frequência regular e generalizada destas populações parece sugerir que as populações de bactérias endofíticas estão presentes em plantas saudáveis e que o Reino Vegetal é um nicho ecológico vasto e maioritariamente inexplorado para estas espécies. No entanto, apesar da sua identificação frequente, as populações de bactérias endofíticas têm recebido relativamente pouca atenção (Chanway, 1995).

Com base nos resultados, os agricultores gastarão menos em fertilização e produção de culturas num ambiente menos poluído se aplicarem fertilizantes inorgânicos em combinação com culturas bacterianas que promovam o crescimento das plantas. De acordo com o estudo atual, todos os endófitos se associam ao seu hospedeiro nativo para proporcionar defesa e sustento às plantas. O uso de inoculantes microbianos ou culturas microbianas cultivadas em laboratório tem chamado a atenção para a agricultura sustentável nos últimos tempos. O presente estudo mostra que a melhor maneira de produzir legumes como a berinjela é inocular bactérias endofíticas individuais ou duplas, como A. brasilense e Pseudomonas fluorescens, e depois suplementar com fertilizante químico.

# 6. RESUMO

As criaturas endofíticas que coexistem com as plantas são diversas e complexas. Normalmente, promovem a saúde da planta e ocupam um nicho comparativamente privilegiado no seu interior. Há muito que se pensa que algumas comunidades microbianas endofíticas funcionam como mutualistas, protegendo as plantas de factores de stress biótico. Todas as espécies de plantas dependem dos endófitos para defesa, nutrição e para satisfazer as suas necessidades nutricionais. Nos últimos tempos, a utilização de inoculantes microbianos ou de culturas microbianas cultivadas em laboratório tem chamado a atenção para a agricultura sustentável.

Em geral, a utilização de factores de produção químicos, como pesticidas e fertilizantes, aumentou a produção de alimentos para satisfazer a procura crescente da população humana. No entanto, a aplicação descuidada de factores de produção químicos na agricultura conduz a um aumento dos custos de produção e a uma produção agrícola insustentável. No final, para além da poluição do ar, da água e da terra, a utilização contínua de pesticidas e fertilizantes químicos degrada a fertilidade do solo e resulta em produtos de baixa qualidade. Aconselha-se a utilização moderada de adubos orgânicos, adubos verdes, biofertilizantes e biopesticidas na agricultura, a fim de evitar ou atenuar estas consequências negativas. A utilização da capacidade dos microrganismos para fixar o azoto, promover o desenvolvimento das plantas, etc., poderia aumentar a produtividade e preservar a fertilidade.

Os produtos hortícolas são a cultura mais afetada pela utilização de pesticidas e fertilizantes químicos, entre outras culturas. No ambiente atual, é crucial concentrar-se no isolamento e na identificação de bactérias eficientes que promovam o crescimento das plantas, a fim de aumentar o rendimento e o crescimento, utilizando simultaneamente fertilizantes menos nocivos. Neste caso, foram envidados esforços para separar e caraterizar as bactérias endofíticas produtivas da brinjal. O objetivo dos ensaios em vasos e no terreno era investigar o seu potencial para melhorar a qualidade, o rendimento e o crescimento da brinjal.

O estudo utilizou materiais vegetais, incluindo as raízes, caules e folhas de brinjal de três locais distintos para isolar os endófitos bacterianos *Azospirillum sp.* e

*Pseudomonas sp.* Das plantas de brinjal recolhidas em três locais, foi isolado um total de 15 estirpes de *Azospirillum sp.* e 13 estirpes de *Pseudomonas sp.* Através de um teste bioquímico, todas as culturas bacterianas foram identificadas e provou-se que pertenciam aos géneros *Azospirillum* e *Pseudomonas.*

Todos os isolados *de Azospirillum sp.* e um pequeno número de isolados de *Pseudomonas sp.* demonstraram a capacidade de fixar azoto atmosférico. No entanto, a síntese de IAA foi evidente em todos os isolados de bactérias endofíticas. Dos isolados, AORU5 de *Azospirillum sp.* e PBRU3 de *Pseudomonas sp.* demonstraram o valor mais elevado na fixação de azoto e na produção de IAA.

Usando a análise de sequenciamento de 16srRNA, esses dois isolados foram identificados molecularmente como *Pseudomonas fluorescens* e *Azospirillum brasilense*, respetivamente, e foram utilizados para pesquisas adicionais. Em estudos de campo e em vasos, os efeitos de duas dessas bactérias endofíticas produtivas, AORU5 e PBRU3, sobre o crescimento, o rendimento e a qualidade da berinjela foram investigados.

As sementes de Brinjal foram adicionadas à cultura bacteriana eficaz, e as plântulas resultantes foram cultivadas em placas com cocopeat servindo como substrato. Aos 15 e 30 dias após a sementeira (DAS), o comprimento dos rebentos e das raízes, bem como a quantidade de clorofila nas folhas, foram medidos em placas e os resultados foram anotados. De acordo com os tratamentos previstos, as plântulas foram transferidas aos 30 DAS para os vasos e para os campos, utilizando um desenho de blocos aleatórios. Aos 30, 60 e 90 dias após o transplante, foram registados os parâmetros de crescimento - como a altura da planta, pigmentos fotossintéticos, número de folhas, ramos, flores e período de floração - bem como os parâmetros de produção - como o número de frutos, comprimento, perímetro, peso, número de sementes por fruto e produção de frutos no campo. As composições químicas dos frutos de brinjal e bhendi foram testadas quando os frutos eram tenros na natureza.

As composições bioquímicas dos frutos de brinjal e bhendi demonstraram resultados óptimos quando *Azospirillum brasilense* e *Pseudomonas fluorescens* foram aplicados em combinação com 100% e 75% de fertilizante químico, respetivamente. Em comparação com a inoculação simples de qualquer uma das estirpes combinada com 100% e 75% de fertilizante químico, a inoculação dupla de *Azospirillum brasilense* e *Pseudomonas fluorescens* demonstrou o maior valor médio em todos os parâmetros observados.

Quando *Azospirillum brasilense* foi administrado individualmente, 100% de fertilizante inorgânico produziu os melhores resultados em comparação com plantas que receberam 75% de fertilizante químico. No entanto, num ensaio de campo e num vaso de brinjal, *a Pseudomonas fluorescens* tratada com 75% de fertilizante químico apresentou resultados superiores aos das plantas tratadas com 100% de fertilizante químico. O estudo conclui que o crescimento e a produção de brinjal apresentaram desempenho superior quando ambas as cepas, *Azospirillum brasilense* (AORU5) e *Pseudomonas fluorescens* (PBRU5), foram usadas sozinhas ou em combinação com 25% menos fertilizante inorgânico do que quando 100% fertilizante inorgânico foi usado.

Em resumo, os resultados destes estudos indicam que a utilização de biofertilizantes no futuro para a produção sustentável de culturas deve envolver a co-inoculação de plantas com culturas bacterianas benéficas que tenham caraterísticas distintas de promoção do crescimento. Embora os isolados bacterianos endofíticos AORU5 e PBRU5 se mostrem promissores no presente estudo para a promoção do crescimento da beringela, são necessários testes de campo mais extensos em condições agroclimáticas variáveis para validar o potencial destes isolados como biofertilizantes eficazes para a produção sustentável de culturas.

## **Fig:1. DESENHO DE BLOCO RANDOMIZADO DO CAMPO**

Dimensão bruta da parcela experimental:

63m X 18m Dimensão individual da

parcela: 9m X 6m

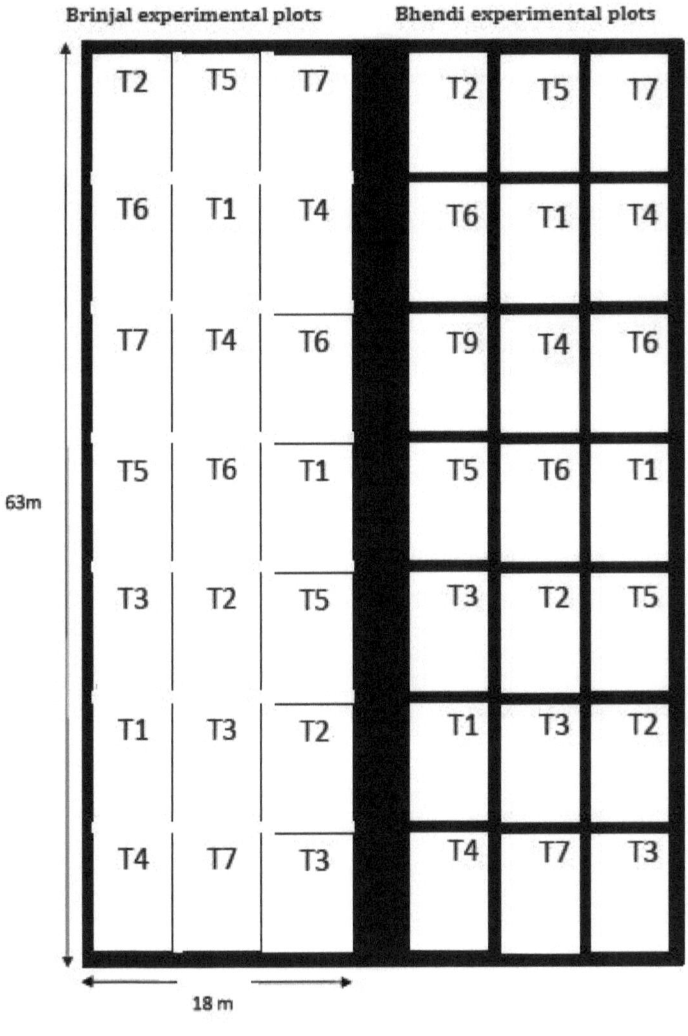

Brinjal experimental plots
Bhendi experimental plots
63m
T2
T5
T7
T6
T1
T4
T7
T4
T6
T5
T6
T1
T3
T2
T5
T1
T3
T2
T4
T7
T3
T2
T5
T7
T6
T1
T4
T9
T4
T6
T5
T6
T1
T3
T2
T5
T1
T3
T2
T4
T7
T3
18 m

Fig: 2. Árvore filogenética construída com base nas sequências do gene 16s rRNA de AORU5 mostrando a relação de parentesco com *Azospirillum brasilense* (NCIMB 11860)

A.brasilense (NCIMB 11860) 16S ribosomal...
a-proteobacteria | 12 leaves
a-proteobacteria | 8 leaves
a-proteobacteria | 3 leaves
a-proteobacteria | 34 leaves
Azospirillum sp. TSA63w gene for 16S rib...
Azospirillum sp. TSO32-4 gene for 16S ri...
Uncultured bacterium clone C3 16S riboso...
a-proteobacteria | 2 leaves
Uncultured bacterium clone MYW43 16S rib...
a-proteobacteria | 2 leaves
a-proteobacteria | 2 leaves
Uncultured Azospirillum sp. clone 2A2H7C...
a-proteobacteria | 6 leaves
a-proteobacteria | 8 leaves
Azospirillum sp. TSH78 gene for 16S ribo...
Bacterium SRJ2-4 16S ribosomal RNA gene,...
Azospirillum lipoferum 4B plasmid AZO_p1...
Uncultured bacterium clone B53 16S ribos...

**Fig: 3. Árvore filogenética construída com base nas sequências do gene 16S rRNA de PBRU3 mostrando a relação de parentesco com *Pseudomonas fluorescens* (emb/AM9335161.1)**

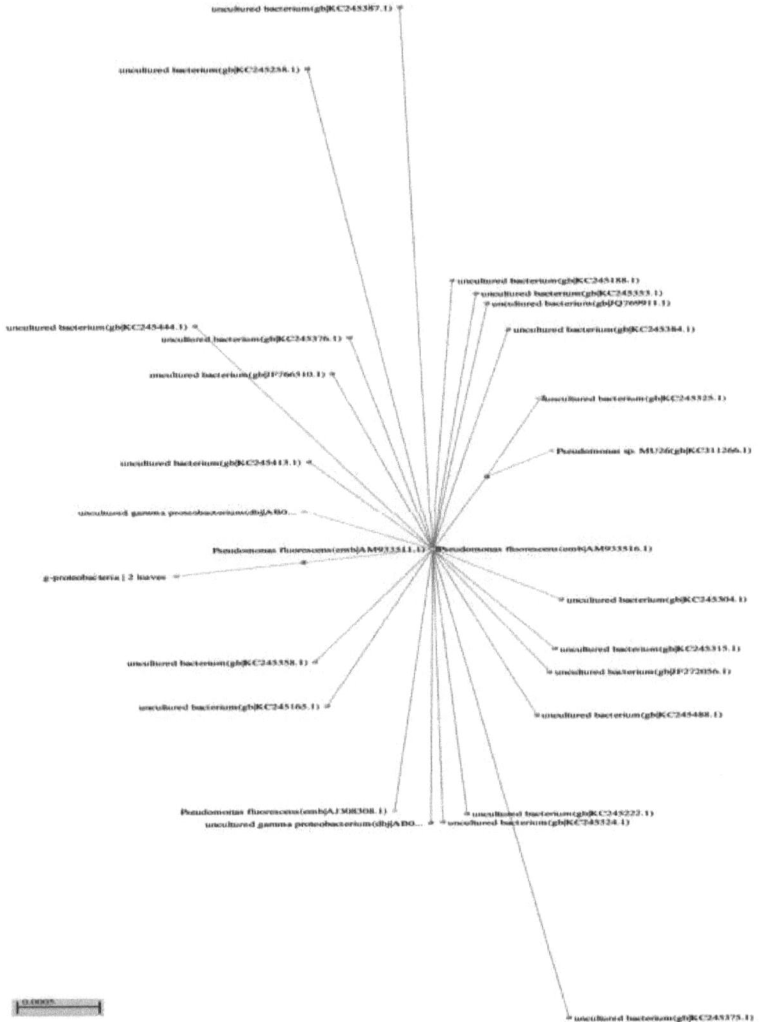

Fig: 4 GOVERNO DA ÍNDIA

DEPARTAMENTO METEOROLÓGICO DA ÍNDIA

ESTAÇÃO: KARAIKAL

**PERÍODO:** JUNHO DE 2014 A SETEMBRO DE 2014

| S. Não. | Parâmetros meteorológicos | Ano | Jun | Jul | agosto | setem bro |
|---|---|---|---|---|---|---|
| 1. | ELEMENTO: TEMPERATURA MÁXIMA MÉDIA MENSAL (DEG C) | 2014 | 37.4 | 36.1 | 36 | 34.9 |
| 2. | ELEMENTO: TEMPERATURA MÁXIMA MENSAL MAIS ELEVADA (GRAUS C) | 2014 | 39 | 39.6 | 39 | 37 |
| 3. | ELEMENTO: TEMPERATURA MÍNIMA MÉDIA MENSAL (DEG C) | 2014 | 27.5 | 26.7 | 25.9 | 26 |
| 4. | ELEMENTO: TEMPERATURA MÍNIMA MENSAL MAIS BAIXA (GRAUS C) | 2014 | 23.1 | 24.6 | 22.8 | 20.6 |
| 5. | ELEMENTO: MÉDIA MENSAL DE H.R. ÀS 08:30 HRS IST (%) | 2014 | 66 | 68 | 75 | 69 |
| 6. | ELEMENTO: H.R. MENSAL MAIS ELEVADA ÀS 08:30 HRS IST (%) | 2014 | 95 | 84 | 90 | 85 |
| 7. | ELEMENTO: H.R. MENSAL MAIS BAIXA ÀS 08:30 HRS IST (%) | 2014 | 59 | 55 | 58 | 57 |
| 8. | ELEMENTO: MÉDIA MENSAL DA H.R. ÀS 1730 HORAS IST (%) | 2014 | 58 | 65 | 68 | 71 |
| 9. | ELEMENTO: H.R. MENSAL MAIS ELEVADA ÀS 1730 HORAS IST (%) | 2014 | 80 | 89 | 90 | 89 |
| 10. | ELEMENTO: H.R. MENSAL MAIS BAIXA ÀS 1730 HORAS IST (%) | 2014 | 35 | 41 | 41 | 54 |
| 11. | ELEMENTO: PRECIPITAÇÃO TOTAL MENSAL (MM) | 2014 | 49.3 | 33.1 | 33.7 | 79.8 |
| 12. | ELEMENTO: PRECIPITAÇÃO MENSAL MAIS INTENSA EM 24 HS. | 2014 | 37.5 | 30.1 | 18.8 | 36.5 |

|  | (MM) |  |  |  |  |  |
|---|---|---|---|---|---|---|
| 13. | ELEMENTO: NÚMERO DE DIAS DE CHUVA [2,5 MM E SUPERIOR] | 2014 | 3 | 2 | 3 | 4 |
| 14. | ELEMENTO: VELOCIDADE MÉDIA MENSAL DO VENTO (KMPH) | 2014 | 14 | 14 | 13 | 12 |

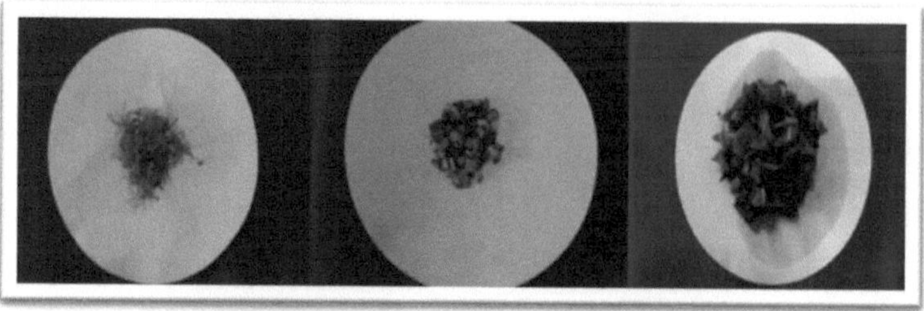

Placa: 2 Extractos de raiz, caule e folhas para diluição em série
Placa: 3 Diluições em série de raiz, caule e folhas de Brinjal Var. *Annamalai*

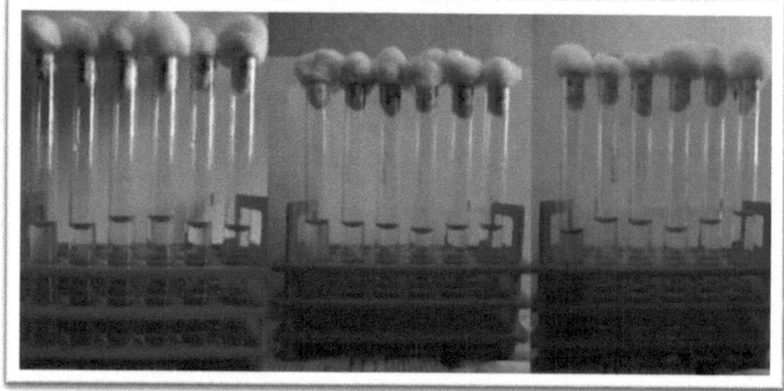

Placa: 4 diluições de $10^{-4}$ , $10^{-5}$ e $10^{-6}$ apresentam uma cor azul devido ao crescimento de Azospirillum sp. em NFB de brinjal

**Placa: 5** *Pseudomonas sp.* e *Azospirillum sp.* isoladas da raiz, caule e folhas de Brinjal.

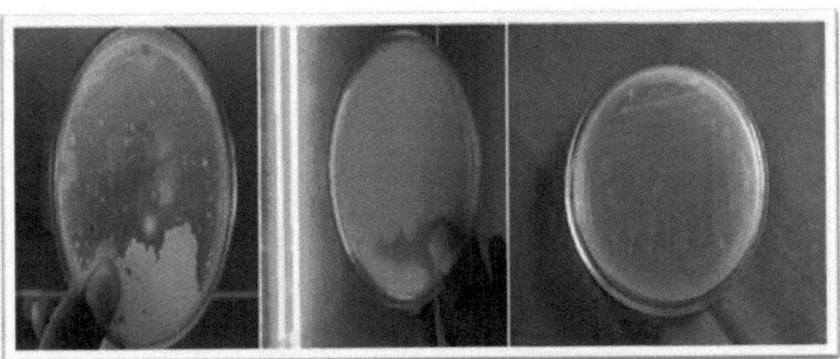

**Testes preliminares de identificação dos isolados (Bergey's Manual of Determinative Bacteriology)**

**Placa: 6**
   a) **Actividades de oxidase dos isolados (lado esquerdo da lâmina: controlo; lado direito: a reação ocorre com borbulhamento em cada um)**

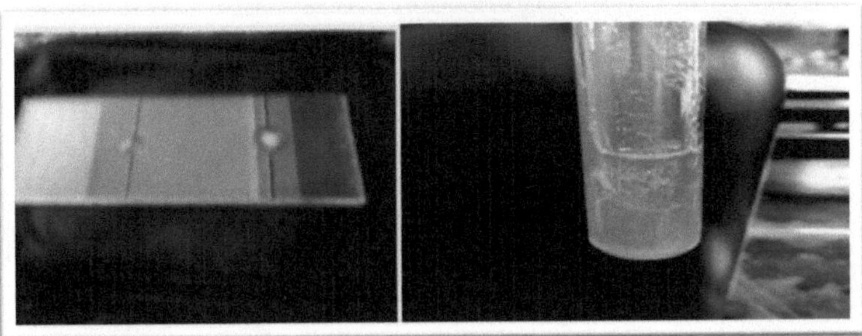

   b) **Atividade de catalase dos isolados**

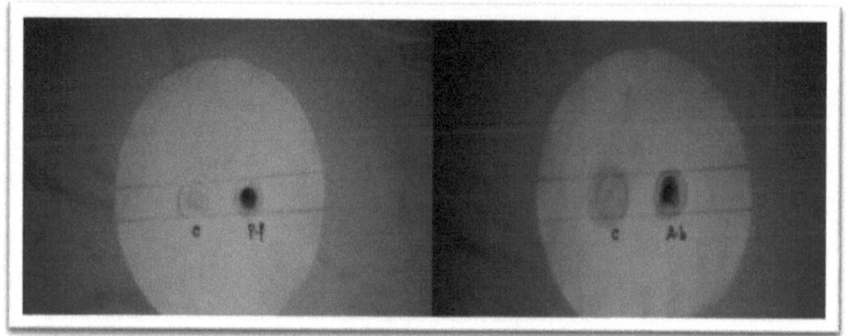

### c) Teste de formação de endosporos

A ausência de verde de malaquite na lâmina indica que ambas as estirpes não formam endosporos.

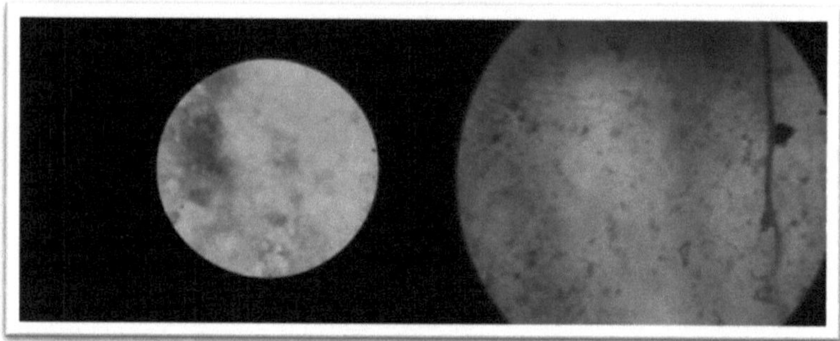

### d) Coloração de Gram

Ambos são gram-negativos e mostram estirpes coradas/retidas com saffranina

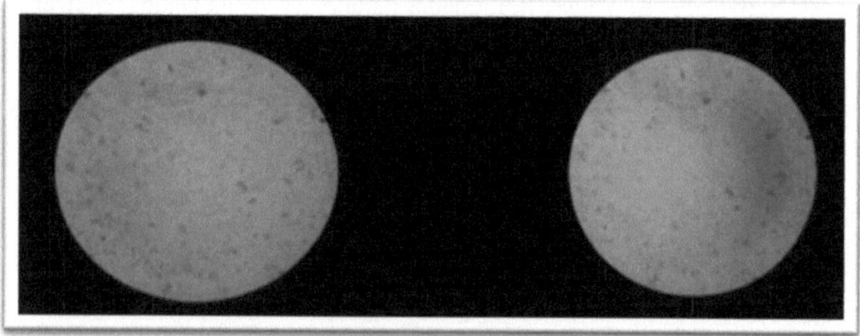

### e) Teste de fermentação de hidratos de carbono

1. *Azospirillum* fermenta o manitol e a cor da frutose muda para amarelo
2. *A Pseudomonas* não fermenta o açúcar dado e permanece com uma cor vermelha fenólica

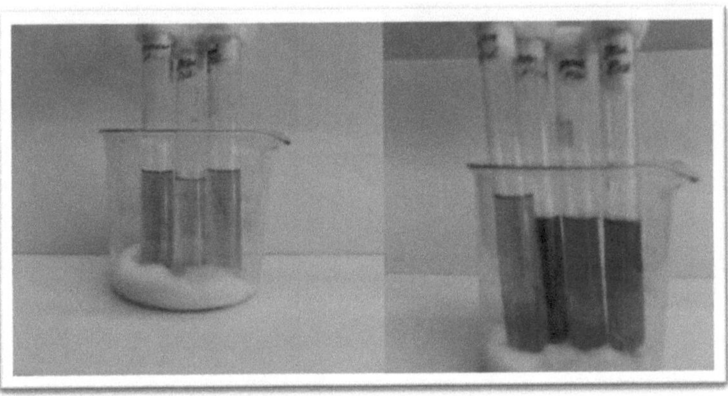

f) Teste de motilidade

**Ambos são móveis; Azospirillum- Monotrichus; Pseudomonas-Lophotrichus**

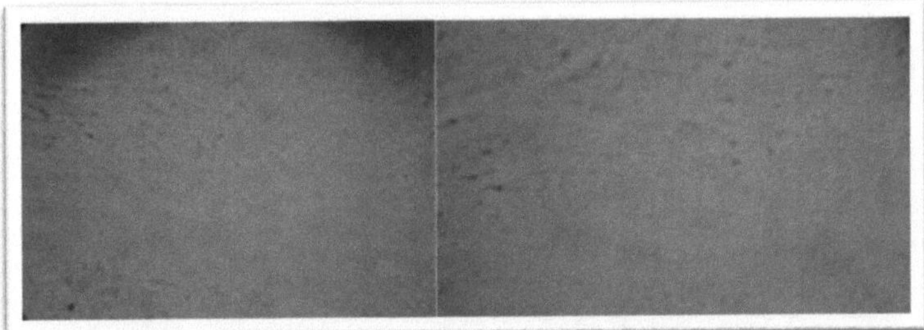

**Placa: 7 Sementes de Brinjal tratadas Placa: 8 Culturas em caldo**

**Placa: 9 Cama de viveiro em proplates**

**Placa: 11 Plantas de 30 (esquerda) e 60 (direita) dias de Brinjal no campo**

**Placa: 12 Plantas de 90 dias de brinjal no campo**

Placa: 13 Plantas de 30 dias de brinjal em vasos

Placa: 14 Plantas de 60 (esquerda) e 90 (direita) dias de brinjal em vasos

Placa: 15 Floração e frutificação em Brinjal

**Tabela: 1 Lista de isolados bacterianos endofíticos de _Azospirillum_ e _Pseudomonas_ de brinjal em diferentes localidades.**

| S. Não. | Isolados bacterianos | Nome da bactéria | Isolado de | Localidade |
|---|---|---|---|---|
| 1. | ABRU1 | _Azospirillum sp._ | Raiz | Annamalainagar |
| 2. | ABRU2 | _Azospirillum sp._ | Raiz | Annamalainagar |
| 3. | ABRU3 | _Azospirillum sp._ | Raiz | Annamalainagar |
| 4. | ABRU4 | _Azospirillum sp._ | Raiz | Annamalainagar |
| 5. | ABRU5 | _Azospirillum sp._ | Raiz | Annamalainagar |
| 6. | ABSU6 | _Azospirillum sp._ | Caule | Annamalainagar |
| 7. | ABSU7 | _Azospirillum sp._ | Caule | Annamalainagar |
| 8. | ABLU8 | _Azospirillum sp._ | Folha | Annamalainagar |
| 9 | ABRK9 | _Azospirillum sp._ | Raiz | Karaikal |
| 10. | ABRK10 | _Azospirillum sp._ | Raiz | Karaikal |
| 11. | ABRK11 | _Azospirillum sp._ | Raiz | Karaikal |
| 12. | ABSK12 | _Azospirillum sp._ | Caule | Karaikal |
| 13. | ABLK13 | _Azospirillum sp._ | Folha | Karaikal |
| 14. | ABRP14 | _Azospirillum sp._ | Raiz | Putthur |
| 15. | ABSP15 | _Azospirillum sp._ | Caule | Putthur |
| 16. | PBRU1 | _Pseudomonas sp._ | Raiz | Annamalainagar |
| 17. | PBRU2 | _Pseudomonas sp._ | Raiz | Annamalainagar |
| 18. | PBRU3 | _Pseudomonas sp._ | Raiz | Annamalainagar |
| 19. | PBSU4 | _Pseudomonas sp._ | Caule | Annamalainagar |
| 20. | PBSU5 | _Pseudomonas sp._ | Caule | Annamalainagar |
| 21. | PBLU6 | _Pseudomonas sp._ | Folha | Annamalainagar |
| 22. | PBRK7 | _Pseudomonas sp._ | Raiz | Karaikal |
| 23. | PBRK8 | _Pseudomonas sp._ | Raiz | Karaikal |
| 24. | PBSK9 | _Pseudomonas sp._ | Caule | Karaikal |
| 25. | PBLK10 | _Pseudomonas sp._ | Folha | Karaikal |
| 26. | PBRP11 | _Pseudomonas sp._ | Raiz | Putthur |
| 27. | PBRP12 | _Pseudomonas sp._ | Raiz | Putthur |
| 28. | PBSP13 | _Pseudomonas sp._ | Caule | Putthur |

**Quadro: 2 Fixação de azoto e produção de IAA dos isolados de *Azospirillum* de brinjal.**

| Número de isolamento | N Fixação % | Produção de IAA ($\mu gml^{-1}$) |
|---|---|---|
| ABRU1 | 2.21±0.055 | 1.20±0.025 |
| ABRU2 | 1.14±0.041 | 1.60±0.035 |
| ABRU3 | 2.05±0.026 | 0.45±0.035 |
| ABRU4 | 1.52±0.040 | 1.20±0.612 |
| ABRU5 | 2.52±0.068 | 1.16±0.049 |
| ABSU6 | 1.96 ±0.040 | 0.33±0.035 |
| ABSU7 | 2.44±0.045 | 0.82±0.041 |
| ABLU8 | 1.52±0.040 | 0.18±0.007 |
| ABRK9 | 2.05±0.035 | 1.09±0.021 |
| ABRK10 | 3.05±0.056 | 1.10±0.028 |
| ABRK11 | 2.02±0.047 | 1.72±0.049 |
| ABSK12 | 1.82±0.045 | 0.19±0.035 |
| ABLK13 | 1.78±0.045 | 0.57±0.070 |
| ABRP14 | 2.18±0.030 | 1.19±0.014 |
| ABSP15 | 2.05±0.045 | 0.65±0.025 |

Os valores são ± DP de três amostras

**Tabela: 3 Fixação de nitrogénio e produção de IAA dos isolados de *Pseudomonas* de brinjal.**

| Número de isolamento | N Fixação % | Produção de IAA ($\mu gml^{-1}$) |
|---|---|---|
| *PBRU1* | 0.81±0.050 | 1.28±0.040 |
| *PBRU2* | - | 1.18±0.041 |
| *PBRU3* | 1.02 ±0.052 | 1.80±0.050 |
| *PBSU4* | - | 0.40±0.042 |
| *PBSU5* | - | 1.24±0.014 |
| *PBLU6* | - | 0.05±0.035 |
| *PBRK7* | - | 1.16 ±0.030 |
| *PBRK9* | - | 0.52 ±0.047 |
| *PBSK10* | - | 0.52 ±0.047 |
| *PBLK11* | - | 0.17±0.02 |
| *PBRP12* | - | 1.18±0.037 |
| *PBRP13* | - | 1.17±0.051 |
| *PBSP14* | - | 1.05 ±5.557 |

Os valores são ± DP de três amostras

## Tabela: 4 Caraterísticas bioquímicas dos isolados obtidos de *Azospirillum* e *Pseudomonas*

| Número de isolamento | Produção de ácido da Glicose | Utilização de diferentes fontes de carbono | | | | Necessidade de biotina | Atividade da Redutase do Nitrato | Atividade da Redutase do Nitrito | Formação de esporos | Mancha de Gram | Atividade da catalase | Atividade oxidase | Motilidade |
|---|---|---|---|---|---|---|---|---|---|---|---|---|---|
| | | Malato | Succinato | Manitol | Frutose | | | | | | | | |
| ABR U1 | + | - | + | + | - | + | + | + | - | - | - | + | + |
| ABR U2 | - | + | + | + | - | + | + | + | - | - | + | + | + |
| ABR U3 | - | + | + | + | - | - | + | + | - | + | + | + | + |
| ABR U4 | + | + | - | + | + | + | + | + | - | + | - | + | + |
| ABR U5 | - | + | + | + | + | - | + | + | - | - | - | + | + |
| ABS U6 | + | + | - | + | + | + | + | + | - | - | - | + | + |
| ABS U7 | + | - | + | - | + | - | + | + | - | - | + | - | + |
| ABL U8 | + | - | - | - | + | + | + | + | - | + | - | + | + |
| ABR K9 | - | - | + | - | - | + | + | + | - | - | + | + | + |
| ABR K10 | + | + | + | - | - | - | + | + | - | - | + | + | + |
| ABR K11 | + | + | + | + | + | + | + | + | - | - | - | + | + |
| ABS K12 | + | - | + | + | - | - | + | + | - | - | + | + | + |
| ABL K13 | - | + | - | + | - | + | + | + | - | + | - | + | + |
| ABR P14 | + | + | + | + | + | - | + | + | - | - | + | + | + |
| ABS P15 | - | + | - | + | + | + | + | + | - | + | - | + | + |
| PBR U1 | - | + | - | - | - | + | + | - | - | - | - | + | + |
| PBR U2 | - | - | - | - | - | + | - | - | - | - | + | - | + |
| PBR U3 | - | - | - | + | + | - | + | - | - | - | + | + | + |
| PBS U4 | + | - | - | + | + | - | - | - | - | - | - | + | + |
| PBS U5 | + | + | + | + | + | - | - | - | - | - | + | - | + |

| | | | | | | | | | | | | | |
|---|---|---|---|---|---|---|---|---|---|---|---|---|---|
| PBL U6 | + | + | - | - | + | - | - | - | - | - | + | + | + |
| PBR K7 | + | + | - | - | - | - | - | - | - | - | - | + | + |
| PBR K8 | + | - | - | - | + | - | - | - | - | - | - | - | + |
| PBS K9 | - | + | - | - | - | - | - | - | - | - | + | + | + |
| PBL K10 | + | - | + | + | - | - | - | - | - | - | - | + | + |
| PBR P11 | - | + | + | + | + | - | - | - | - | - | + | + | + |
| PBR P12 | + | + | + | + | + | - | - | - | - | - | - | - | + |
| PBS P13 | + | - | - | - | - | - | - | - | - | - | + | + | + |

**Tabela: 5 Efeito de isolados eficientes de *Azospirillum* e *Pseudomonas* nos parâmetros vegetativos ao 15º e 30º dia de brinjal em pró-placas.**

| Tratamentos | Germinação % de sementes | Comprimento da raiz (cm) | | Comprimento do rebento (cm) | | N.º de folhas/planta | |
|---|---|---|---|---|---|---|---|
| | | 15º DIA | 30º DIA | 15º Dia | 30º DIA | 15º DIA | 30º DIA |
| T1 | 89.5 | 1.96±0.0353 | 2.20±0.0353 | 2.39±0.0212 | 3.82±0.0212 | 2.10±0.0494 | 3.28±0.0212 |
| T2 | 90.8 | 2.48±0.0353 | 2.62±0.0141 | 3.16±0.0282 | 4.54±0.0282 | 2.19±0.0424 | 3.68±0.0494 |
| T3 | 88.2 | 2.50±0.0282 | 2.70±0.0424 | 3.10±0.0565 | 4.28±0.0353 | 2.23±0.0141 | 4.21±0.0353 |
| T4 | 86.4 | 2.21±0.0141 | 2.59±0.0353 | 2.88±0.0353 | 4.42±0.0353 | 2.20±0.0353 | 3.82±0.0282 |
| T5 | 87.6 | 2.18±0.0282 | 2.38±0.0282 | 3.02±0.0353 | 4.37±0.0212 | 2.14±0.0424 | 3.70±0.0353 |
| T6 | 92.8 | 3.00±0.0212 | 3.22±0.0141 | 3.36±0.0282 | 5.10±0.0141 | 2.48±0.0212 | 4.28±0.0353 |
| T7 | 88.6 | 2.81±0.0424 | 3.07±0.0494 | 3.22±0.0565 | 5.04±0.0636 | 2.31±0.0353 | 4.20±0.0282 |

Os valores são ± DP de três amostras

**Tabela: 6 Efeito de isolados eficazes de *Azospirillum* e *Pseudomonas* no teor de clorofila das folhas de brinjal.**

| Tratamentos | Clorofila "a | | Clorofila "b | | Clorofila total | |
|---|---|---|---|---|---|---|
| | 15 DIAS | 30 DIAS | 15 DIAS | 30 DIAS | 15 DIAS | 30 DIAS |
| T1 | 0.14±0.0364 | 0.33±0.0152 | 0.09±0.0351 | 0.28±0.0321 | 0.23±0.0565 | 0.61±0.0264 |
| T2 | 0.22±0.0152 | 0.60±0.0264 | 0.16±0.0450 | 0.57±0.0360 | 0.38±0.0568 | 1.17±0.0360 |
| T3 | 0.18±0.0550 | 0.64±0.0251 | 0.21±0.0360 | 0.49±0.0305 | 0.39±0.0709 | 1.13±0.0208 |
| T4 | 0.24±0.0351 | 0.46±0.0208 | 0.20±0.0585 | 0.38±0.0264 | 0.44±0.0611 | 0.84±0.0305 |
| T5 | 0.16±0.0264 | 0.51±0.0305 | 0.14±0.0568 | 0.32±0.0305 | 0.30±0.0404 | 0.83±0.0152 |
| T6 | 0.27±0.0650 | 1.04±0.036 | 0.22±0.0404 | 1.10±0.0305 | 0.49±0.0611 | 2.14±0.0305 |
| T7 | 0.29±0.0458 | 1.09±0.0208 | 0.24±0.0305 | 1.14±0.0152 | 0.53±0.0404 | 2.23±0.0152 |

Os valores são ± DP de três amostras

**Tabela: 7 Efeito de isolados eficazes de *Azospirillum* e *Pseudomonas* no comprimento do rebento e da raiz de brinjal numa experiência em vaso.**

| Tratamentos | Comprimento do rebento (cm) | | | Comprimento da raiz (cm) | | |
|---|---|---|---|---|---|---|
| | 30 DIAS | 60 DIAS | 90 DIAS | 30 DIAS | 60 DIAS | 90 DIAS |
| T1 | 10.26±0.0632 | 16.18±0.0494 | 25..09±0.0282 | 2.81±0.0282 | 8.12±0.0353 | 12.50±0.0141 |
| T2 | 14.20±0.0424 | 22.16±0.0494 | 40.05±0.0141 | 3.50±0.0141 | 10.12±0.0141 | 14.22±0.0353 |
| T3 | 12.27±0.0212 | 24.09±0.0212 | 41.12±0.0424 | 3.88±0.0353 | 9.82±0.0353 | 14.20±0.0141 |
| T4 | 15.46±0.0141 | 23.36±0.0353 | 37.02±0.0212 | 3.49±0.0141 | 8.48±0.0353 | 13.19±0.0212 |
| T5 | 13.31±0.0212 | 26.30±0.0424 | 42.12±0.0212 | 3.58±0.0141 | 8.69±0.0141 | 13.29±0.0212 |
| T6 | 17.11±0.0212 | 31.13±0.0212 | 48.16±0.0494 | 4.98±0.0353 | 12.32±0.0353 | 15.33±0.0565 |
| T7 | 16.86±0.0141 | 30.06±0.0212 | 46.38±0.0353 | 4.82±0.0141 | 11.92±0.0353 | 15.26±0.0494 |

Os valores são a média ± DP de três amostras

**Tabela: 8 Efeito de isolados eficazes de *Azospirillum* e *Pseudomonas* no teor de clorofila de folhas de brinjal em experiências de vaso.**

| Tratamentos | Clorofila "a | | | Clorofila "b | | | Clorofila total | | |
|---|---|---|---|---|---|---|---|---|---|
| | 30 dias | 60 dias | 90 dias | 30 dias | 60 dias | 90 dias | 30 dias | 60 dias | 90 dias |
| T1 | 0.28±0.0494 | 0.89±0.0378 | 1.17±0.0494 | 0.58±0.0353 | 0.72±0.0494 | 1.12±0.0212 | 0.56±0.0636 | 1.61±0.0282 | 2.29±0.0212 |
| T2 | 0.62±0.0282 | 1.22±0.0212 | 1.61±0.0353 | 0.50±0.0141 | 1.14±0.0282 | 1.54±0.0353 | 1.12±0.0212 | 2.36±0.0565 | 3.15±0.0636 |
| T3 | 0.54±0.0565 | 1.17±0.0494 | 1.32±0.0353 | 0.49±0.0282 | 1.10±0.0141 | 1.20±0.0282 | 1.03±0.0141 | 2.27±0.0565 | 2.52±0.0141 |
| T4 | 0.42±0.0353 | 1.09±0.0282 | 1.38±0.0212 | 0.37±0.0634 | 0.97±0.0353 | 1.20±0.0212 | 0.79±0.0353 | 2.06±0.0494 | 2.58±0.0353 |
| T5 | 0.54±0.0282 | 1.05±0.0282 | 1.29±0.0353 | 0.42±0.0282 | 1.03±0.0282 | 1.23±0.0353 | 0.96±0.0212 | 2.08±0.0494 | 2.52±0.0212 |
| T6 | 1.10±0.0353 | 1.68±0.0353 | 2.12±0.0353 | 1.06±0.0212 | 1.42±0.0565 | 2.17±0.0270 | 2.16±0.0141 | 3.1±0.0212 | 4.29±0.0565 |
| T7 | 1.07±0.0141 | 1.55±0.0494 | 2.06±0.0212 | 1.01±0.0282 | 1.47±0.0565 | 2.08±0.0565 | 2.08±0.0565 | 3.02±0.0212 | 4.15±0.0494 |

Os valores são a média ± DP de três amostras

**Tabela: 9 Efeito de isolados eficazes de *Azospirillum* e *Pseudomonas* no número de folhas, ramos e flores de brinjal numa experiência em vaso.**

| Tratamentos | Número de folhas/planta | | | Número de sucursais/centro | | | Número de flores/planta | | |
|---|---|---|---|---|---|---|---|---|---|
| | 30 DIAS | 60 DIAS | 90 DIAS | 30 DIAS | 60 DIAS | 90 DIAS | 30 DIAS | 60 DIAS | 90 DIAS |
| T1 | 6.08±0.0565 | 14.26±0.0353 | 22.46±0.0353 | 0 | 0 | 1.12±0.0353 | 0 | 3.99±0.0141 | 7.39±0.0353 |
| T2 | 8.02±0.0212 | 18.07±0.0494 | 28.12±0.0212 | 0 | 0 | 2.41±0.0212 | 0 | 5.02±0.0282 | 12.33±0.0353 |
| T3 | 9.18±0.0141 | 17.42±0.0636 | 27.06±0.0494 | 0 | 0 | 2.27±0.0494 | 0 | 5.45±0.0636 | 12.00±0.0282 |
| T4 | 7.28±0.0227 | 16.35±0.0565 | 29.44±0.0424 | 0 | 0 | 1.86±0.0424 | 0 | 5.28±0.0353 | 12.47±0.0282 |
| T5 | 6.32±0.0212 | 15.60±0.0424 | 28.10±0.0141 | 0 | 0 | 2.29±0.0141 | 0 | 5.00±0.0141 | 11.00±0.0282 |
| T6 | 9.22±0.0424 | 20.10±0.0141 | 31.18±0.0212 | 0 | 0 | 3.38±0.0212 | 0 | 5.86±0.0141 | 12.87±0.0212 |
| T7 | 9.26±0.0353 | 19.72±0.0424 | 30.63±0.0212 | 0 | 0 | 3.00±0.0212 | 0 | 5.75±0.0141 | 12.75±0.0424 |

Os valores são a média ± DP de três amostras

**Tabela: 10 Efeito de isolados eficientes de *Azospirillum* e *Pseudomonas* nos parâmetros de rendimento de brinjal numa experiência em vaso.**

| Tratamentos | Número de frutos/planta | Peso do fruto (gm) | Comprimento do fruto (cm) | Perímetro do fruto (cm) | Número de sementes/fruto |
|---|---|---|---|---|---|
| T1 | 8.11±0.0212 | 4.16±0.0494 | 7.15±0.0141 | 134.05±0.0494 | 1274.02±0.0282 |
| T2 | 13.10±0.0141 | 6.12±0.0424 | 8.05±0.0494 | 143.16±0.0212 | 1306.00±0.0141 |
| T3 | 12.16±0.0212 | 6.05±0.0494 | 8.46±0.0141 | 133.14±0.0212 | 1317.17±0.0494 |
| T4 | 12.07±0.0212 | 6.10±0.0141 | 7.80±0.0212 | 140.08±0.0565 | 1329.14±0.0353 |
| T5 | 11.18±0.0212 | 6.06±0.0565 | 8.28±0.0353 | 133.24±0.0353 | 1409.04±0.0212 |
| T6 | 13.22±0.0353 | 7.02±0.0282 | 9.09±0.0212 | 147.26±0.0353 | 1507.02±0.0282 |
| T7 | 13.09±0.0212 | 7.00±0.0282 | 8.71±0.0141 | 138.03±0.0282 | 1413.06±0.0353 |

Os valores são a média ± DP de três amostras

**Tabela: 11 Efeito de isolados eficazes de *Azospirillum* e *Pseudomonas* no comprimento do rebento e da raiz de brinjal numa experiência de campo.**

| Tratamentos | Comprimento do rebento (cm) | | | Comprimento da raiz (cm) | | |
|---|---|---|---|---|---|---|
| | 30 DIAS | 60 DIAS | 90 DIAS | 30 DIAS | 60 DIAS | 90 DIAS |
| T1 | 10.27±0.0754 | 21.28±0.0305 | 32.99±0.0360 | 9.82±0.0404 | 13.45±0.0602 | 13.09±0.0458 |
| T2 | 12.19±0.0351 | 22.26±0.0360 | 42.15±0.0208 | 12.09±0.0360 | 17.20±0.0550 | 15.29±0.0585 |
| T3 | 12.37±0.0264 | 28.66±0.0208 | 47.32±0.0305 | 11.61±0.0404 | 16.89±0.0493 | 17.16±0.0450 |
| T4 | 10.56±0.0305 | 23.16±0.0305 | 37.62±0.0152 | 10.78±0.0435 | 15.12±0.0251 | 16.08±0.0550 |
| T5 | 10.41±0.0321 | 25.30±0.0351 | 42.22±0.0208 | 11.68±0.0416 | 16.66±0.0305 | 15.06±0.0351 |
| T6 | 16.21±0.0264 | 32.83±0.0251 | 56.18±0.0305 | 12.87±0.0404 | 15.66±0.0709 | 16.82±0.0360 |
| T7 | 14.16±0.0264 | 30.26±0.0264 | 53.12±0.0351 | 12.74±0.0450 | 14.70±0.0450 | 15.77±0.0472 |

Os valores são a média ± S.D de três amostras

**Tabela: 12. Efeito de isolados eficazes de *Azospirillum* e *Pseudomonas* no teor de clorofila das folhas de brinjal numa experiência de campo.**

| Tratamentos | Clorofila "a | | | Clorofila "b | | | Clorofila total | | |
|---|---|---|---|---|---|---|---|---|---|
| | 30 DIAS | 60 DIAS | 90 DIAS | 30 DIAS | 60 DIAS | 90 DIAS | 30 DIAS | 60 DIAS | 90 DIAS |
| T1 | 0.76±0.0503 | 1.26±0.0702 | 1.62±0.0360 | 0.28±0.0321 | 0.79±0.0305 | 1.32±0.0351 | 1.55±0.0655 | 2.31±0.0458 | 3.77±0.0602 |
| T2 | 1.18±0.0321 | 1.37±0.0360 | 1.73±0.1026 | 0.57±0.0360 | 1.06±0.0208 | 2.04±0.0450 | 1.17±0.0360 | 3.27±0.0503 | 3.34±0.0550 |
| T3 | 1.03±0.0305 | 1.58±0.0305 | 1.86±0.0458 | 0.49±0.0305 | 0.79±0.0493 | 1.48±0.0611 | 1.13±0.0208 | 2.80±0.0351 | 3.16±0.0458 |
| T4 | 1.00±0.0351 | 1.46±0.0450 | 1.82±0.0351 | 0.38±0.0264 | 0.69±0.0404 | 1.34±0.0503 | 0.84±0.0305 | 2.64±0.0351 | 2.20±0.0529 |
| T5 | 0.87±0.0513 | 1.32±0.0351 | 1.64±0.0556 | 0.32±0.0305 | 0.88±0.0351 | 1.28±0.0503 | 1.75±0.0964 | 2.44±0.0351 | 4.25±0.0650 |
| T6 | 1.47±0.0602 | 1.62±0.0450 | 2.03±0.0458 | 1.14±0.0152 | 1.67±0.0378 | 2.22±0.0351 | 3.14±0.0351 | 3.79±0.0458 | 4.21±0.0351 |
| T7 | 1.39±0.0585 | 1.64±0.0360 | 2.07±0.0416 | 1.10±0.0305 | 1.55±0.0351 | 2.14±0.0264 | 2.94±0.0416 | 3.72±0.0503 | 2.94±0.0650 |

Os valores são a média ± S.D de três amostras

## Quadro:1 3  Efeito de isolados eficazes de *Azospirillum* e *Pseudomonas* no número de folhas, ramos e flores/planta de brinjal numa experiência de campo.

| Tratamentos | Número de folhas/planta | | | Número de sucursais/centro | | | Número de flores/planta | | |
|---|---|---|---|---|---|---|---|---|---|
| | 30 DIAS | 60 DIAS | 90 DIAS | 30 DIAS | 60 DIAS | 90 DIAS | 30 DIAS | 60 DIAS | 90 DIAS |
| T1 | 4.00±0.0305 | 12.36±0.0305 | 20.06±0.0305 | 0 | 0 | 3.06±0.0305 | 0 | 4.89±0.0351 | 12.29±0.0351 |
| T2 | 5.09±0.0264 | 14.47±0.0360 | 22.22±0.0360 | 0 | 1.77±0.0360 | 4.71±0.0458 | 0 | 7.52±0.0360 | 18.23±0.0251 |
| T3 | 5.18±0.0378 | 15.12±0.0251 | 24.36±0.0305 | 0 | 2.12±0.0251 | 3.25±0.0450 | 0 | 8.05±0.0208 | 18.70±0.0360 |
| T4 | 4.38±0.0378 | 14.45±0.0251 | 20.44±0.0251 | 0 | 0 | 3.18±0.0702 | 0 | 6.78±0.0321 | 15.87±0.0360 |
| T5 | 4.12±0.0208 | 15.10±0.0251 | 22.10±0.0305 | 0 | 2.00±0.0321 | 4.29±0.0450 | 0 | 7.00±0.0305 | 19.00±0.0458 |
| T6 | 7.22±0.0264 | 16.10±0.0351 | 29.18±0.0360 | 0 | 3.16±0.0305 | 5.00±0.0450 | 0 | 9.16±0.0351 | 23.08±0.0378 |
| T7 | 6.36±0.0208 | 15.22±0.0152 | 26.23±0.0305 | 0 | 3.12±0.0305 | 3.88±0.0435 | 0 | 8.35±0.0251 | 20.63±0.0152 |

Os valores são a média ± S.D de três amostras

**Quadro:14 Efeito de isolados eficazes de *Azospirillum* e *Pseudomonas* nos parâmetros de rendimento de brinjal numa experiência de campo.**

| Tratamentos | Número de frutos/planta | Peso do fruto (gm) | Comprimento do fruto (cm) | Perímetro do fruto (cm) | Número de sementes/frutos | Fruta média Rendimento/lote |
|---|---|---|---|---|---|---|
| T1 | 11.21±0.0152 | 6.06±0.0351 | 8.15±0.0208 | 130.09±0.0208 | 1317.17±0.0360 | 5.27±0.0472 |
| T2 | 11.30±0.0305 | 7.08±0.0152 | 9.10±0.0503 | 133.56±0.0264 | 1436.02±0.0404 | 7.42±0.0351 |
| T3 | 12.16±0.0360 | 6.14±0.0173 | 8.46±0.0416 | 130.14±0.0251 | 1334.07±0.0360 | 6.24±0.0606 |
| T4 | 12.27±0.0305 | 6.12±0.0264 | 8.70±0.0513 | 140.18±0.0251 | 1429.24±0.0251 | 6.17±0.0251 |
| T5 | 11.38±0.0416 | 7.06±0.0251 | 8.78±0.0416 | 135.34±0.0251 | 1589.34±0.0305 | 7.27±0.0513 |
| T6 | 13.19±0.0351 | 7.21±0.0208 | 9.09±0.0351 | 147.16±0.0305 | 1607.19±0.0067 | 8.09±0.0351 |
| T7 | 13.12±0.0264 | 7.18±0.0305 | 8.91±0.0351 | 138.23±0.0305 | 1433.06±0.0251 | 8.02±0.0458 |

Os valores são a média ± S.D de três amostras

## Tabela: 15 Efeito de isolados eficientes de *Azospirillum* e *Pseudomonas* em constituintes bioquímicos frutos de brinjal na colheita em experimento de campo.

| Tratamentos | Humidade total (%) | Açúcar total (mg/gm) | Cinzas totais (%) | Fenóis totais (mg/gm) | Proteína (mg/gm) | Antocianina (mg/gm de casca) | Ácido ascórbico mg/gm | Peroxidase | Polifenol oxidase |
|---|---|---|---|---|---|---|---|---|---|
| T1 | 80±4.163 | 3.75±0.0305 | 0.35±0.043 | 4.20±0.0305 | 0.61±0.0251 | 0.036±0.0171 | 4.835±0.003 | 4.12±0.0305 | 4.45±0.0208 |
| T2 | 85±7.637 | 5.10±0.0351 | 0.52±0.035 | 5.02±0.0351 | 0.84±0.0251 | 0.052±0.0072 | 7.335±0.003 | 4.83±0.0208 | 5.03±0.0251 |
| T3 | 85±2.156 | 5.50±0.0416 | 0.44±0.045 | 5.05±0.0152 | 0.73±0.0264 | 0.048±0.0053 | 6.914±0.007 | 5.26±0.0305 | 5.48±0.0305 |
| T4 | 88±8.386 | 5.17±0.0321 | 0.53±0.055 | 4.68±0.0321 | 0.82±0.0264 | 0.530±0.0454 | 6.211±0.007 | 4.79±0.0351 | 4.82±0.0305 |
| T5 | 82±6.110 | 4.29±0.0351 | 0.50±0.043 | 4.80±0.0305 | 0.61±0.0251 | 0.048±0.0055 | 6.102±0.005 | 5.06±0.0305 | 5.28±0.0305 |
| T6 | 91±4.725 | 5.81±0.0208 | 0.72±0.055 | 5.32±0.0360 | 0.93±0.0152 | 0.756±0.0040 | 8.146±0.003 | 5.71±0.0251 | 5.82±0.0152 |
| T7 | 90±4.163 | 6.22±0.0251 | 0.68±0.068 | 5.19±0.0351 | 0.84±0.0305 | 0.628±0.0046 | 8.518±0.004 | 5.52±0.0305 | 5.60±0.0351 |

Os valores são a média ± S.D de três amostras

**Tabela: 16 O efeito da inoculação de isolados eficientes de *Azospirillum* e *Pseudomonas* nas densidades da população endofítica na raiz, caule e folha de brinjal em experiência de campo (cfu/g de peso fresco na diluição $10^{-5}$).**

| Tratamentos | Raiz | | | | | | Caule | | | | | | Folha | | | | | |
|---|---|---|---|---|---|---|---|---|---|---|---|---|---|---|---|---|---|---|
| | 30 | | 60 | | 90 | | 30 | | 60 | | 90 | | 30 | | 60 | | 90 | |
| | *A* | *P* | *A* | *P* | *A* | *P* | *A* | *P* | *A* | *P* | *A* | *P* | *A* | *P* | *A* | *P* | *A* | *P* |
| T1 | 0.33 | 0.33 | 0.66 | 1.00 | 2.00 | 0.66 | 0.66 | 0.66 | 0.66 | 0.66 | 1.00 | 1.00 | 0.33 | 0.33 | 0.66 | 0.66 | 1.06 | 1.12 |
| T2 | 4.66 | 1.00 | 13.66 | 9.66 | 18.66 | 11.66 | 3.00 | 1.66 | 4.66 | 2.66 | 10.00 | 3.00 | 1.08 | 1.02 | 1.09 | 1.06 | 1.33 | 1.12 |
| T3 | 3.66 | 2.00 | 13.33 | 10.00 | 12.66 | 17.00 | 3.00 | 1.33 | 4.00 | 1.66 | 6.33 | 3.66 | 1.66 | 1.00 | 1.12 | 1.09 | 1.24 | 1.09 |
| T4 | 3.00 | 5.00 | 9.33 | 14.33 | 19.00 | 21.62 | 1.66 | 3.33 | 2.66 | 4.00 | 5.33 | 7.66 | 0.66 | 1.66 | 1.06 | 1.24 | 1.09 | 1.66 |
| T5 | 3.00 | 4.66 | 10.00 | 13.00 | 18.66 | 21.33 | 2.33 | 3.66 | 3.33 | 4.33 | 4.33 | 8.00 | 1.03 | 2.33 | 1.00 | 1.66 | 1.06 | 2.00 |
| T6 | 0.33 | 5.33 | 13.66 | 12.66 | 22.33 | 24.66 | 4.00 | 4.33 | 4.00 | 4.33 | 8.66 | 8.66 | 2.16 | 2.24 | 2.00 | 1.00 | 2.00 | 2.12 |
| T7 | 5.66 | 5.33 | 9.33 | 10.00 | 20.33 | 21.66 | 4.33 | 4.00 | 4.00 | 4.33 | 9.00 | 8.66 | 2.66 | 2.66 | 2.09 | 2.06 | 2.06 | 1.66 |

Os valores são a média de três amostras

A. *Azospirillum brasilense*
P-*Pseudomonas fluorescens*

**Tabela: 17 Propriedades químicas do solo de onde foram recolhidas as amostras de plantas para isolamento de *Azospirillum* e *Pseudomonas*.**

| S.N. | Parâmetros | Annamalainagar | Karaikal | Putthur |
|---|---|---|---|---|
| 1 | Tipo de solo | Barro argiloso | Barro argiloso | Barro argiloso |
| 2 | pH | 7.6 | 7.2 | 7.8 |
| 3 | CE $^{dsm-1}$ | 1.82 | 1.64 | 1.56 |
| 4 | Carbono orgânico do solo (%) | 0.54 | 0.49 | 0.62 |
| 5 | Azoto disponível (Kg $^{ha-1}$) | 119.16 | 122.12 | 116.10 |
| 6 | Fósforo disponível (Kg $^{ha-1}$) | 12.87 | 13.67 | 10.86 |
| 7 | Potássio disponível (Kg $^{ha-1}$) | 246.50 | 234.20 | 256.17 |

**Quadro: 18 Propriedades químicas do cocopeat experimental utilizado como substrato em pró-placas para o ensaio de plântulas de brinjal.**

| S. Não. | Parâmetros | Valores |
|---|---|---|
| 1. | pH | 6.15 |
| 2. | CE(mmhos/cm/25oC) | 0.482 |
| 3. | Carbono orgânico (%) | 10 |
| 4. | Azoto disponível (%) | 0.5 |
| 5. | Fósforo disponível (%) | 0.022 |
| 6. | Potássio disponível (%) | 0.002 |
| 7. | Humidade (%) | 10.76 |
| 8. | Cinzas (%) | 5.87 |
| 9. | Matéria orgânica (%) | 92.23 |

**Tabela: 19 Propriedades químicas do solo da experiência em vaso.**

| S.N. | Parâmetros | Antes da plantação | Após a colheita | | | | | | |
|---|---|---|---|---|---|---|---|---|---|
| | | | T1 | T2 | T3 | T4 | T5 | T6 | T7 |
| 1 | pH | 7.08 | 6.42 | 7.22 | 6.85 | 7.1 | 6.28 | 7.1 | 8.14 |
| 2 | CE(dsm-1) | 1.24 | 1.1 | 1.3 | 1.26 | 1.12 | 1.18 | 2.1 | 2.18 |
| 3 | Carbono orgânico (%) | 0.58 | 0.48 | 0.72 | 0.7 | 0.65 | 0.8 | 1.32 | 1.4 |
| 4 | Azoto disponível (mg/100gm de solo) | 120.13 | 85.25 | 111.33 | 119.02 | 116.22 | 121.08 | 128.1 | 128.3 |
| 5 | Fósforo disponível (mg/100gm de solo) | 8.2 | 7.19 | 7.75 | 7.2 | 7.22 | 8.62 | 9.43 | 9.5 |
| 6 | Potássio disponível (mg/100gm de solo) | 0.76 | 1.18 | 1.55 | 1.32 | 1.15 | 1.44 | 2.16 | 2.18 |

**Tabela: 20 Propriedades químicas do solo da experiência de campo.**

| S.N. | Parâmetros | Antes da plantação | Após a colheita | | | | | | |
|---|---|---|---|---|---|---|---|---|---|
| | | | T1 | T2 | T3 | T4 | T5 | T6 | T7 |
| 1 | pH | 7.1 | 6.8 | 7.27 | 6.9 | 7.16 | 6.9 | 7.16 | 8.18 |
| 2 | CE(dsm-1) | 1.34 | 1.21 | 1.34 | 1.35 | 1.15 | 1.28 | 2.15 | 2.19 |
| 3 | Carbono orgânico (%) | 0.65 | 0.52 | 0.78 | 0.72 | 0.68 | 0.88 | 1.37 | 1.44 |
| 4 | Azoto disponível (mg/100gm de solo) | 124.23 | 87.35 | 112.43 | 120.12 | 118.23 | 120.08 | 130.14 | 128.32 |
| 5 | Fósforo disponível (mg/100gm de solo) | 8.23 | 7.65 | 7.85 | 7.21 | 7.24 | 8.72 | 9.53 | 9.6 |
| 6 | Potássio disponível (mg/100gm de solo) | 0.78 | 1.28 | 1.56 | 1.34 | 1.25 | 1.54 | 2.17 | 2.28 |

# 7. REFERÊNCIAS


* Abdul Munif, Johannes Hallmann, Richard Sikora, 2012. Isolamento de bactérias endofíticas de raízes de tomate e a sua atividade de bio-controlo contra doenças fúngicas. Vol.6, No. 4.

* Agarwal, S. e S.T. Shende, 1987. Tetrazolium reducing microorganisms inside the root of *Brassica brassica* species. Curr. Sci. 56:187-188.

* Ahmad, F., Ahmad, I., e MS. Khan, 2008. Rastreio de bactérias rizosféricas de vida livre para as suas múltiplas actividades de promoção do crescimento das plantas. Microbiol. Res.163:173 181.

* Allen, O.N., 1953. Experiências em bacteriologia do solo. Burgress Pub.Co. Minneapotes, Minn. PP: 69-70.

* Andreote, F.D., De Araujo, W. L., De Azevedo, J.L., Van Elsas, J.D., Da Rocha, U.N., e L.S. Van Overbeek, 2009. Colonização endofítica da batata (Solanum tuberosum L.) por um novo endófito bacteriano competente, *Pseudomonas putida* estirpe P9, e o seu efeito nas comunidades bacterianas associadas. Applied and Environmental Microbiology 75:3396 -3406.

* Andrews, J.H., 1992. Controlo biológico na filosfera. Annu. Rev. Phytopathol. 30. 603- 635.

* Andrews, J.H., e R.F. Harris, 2002. The ecology and biogeography of microorganisms of plant surfaces. Revisão Anual de Fitopatologia. 38:145-180.

* Ann M. Hirsch, 2009. Brief History of the Discovery of Nitrogen-fixing Organisms (Breve história da descoberta dos organismos fixadores de azoto). (http://www.mcdb.ucla.edu/research/hirsch/images b/N2 fixing organism)

* Aravind, R., Kumar, A. e S.J. Eapen. 2009. Rastreio de bactérias endofíticas em diferentes partes da pimenta preta (Pipper nigrum

L.): raiz, caule e folhas Instituto Indiano de Investigação de Especiarias.

- Ardanov Pavlo, Ovcharenko Leonid, Zaets Iryna, Kozyrovska Natalia, Pirttil Anna Maria, 2011. Bactérias endofíticas que aumentam o crescimento e a resistência a doenças da batata (Solanum tuberosum L.). J. of Biological Control. Volume 56, Número 1, Páginas 43-49.


- Arnon, D.I., 1949. Enzimas de cobre em cloroplasto isolado Polifenoloxidase em Beta vulgaris.

- Arundhati Pal Aparna Chattopadhyay e A. K. Paul, 2012. Diversidade e espetro antimicrobiano de bactérias endofíticas isoladas de Paederia foetida L. International Journal of Current Pharmaceutical Research. Vol 4, Edição 3.

- Baldani, J.I. Caruso, L., Baldani, V.L.D.,Goi, S. R. e J. Dobereiner, 1997. Avanços recentes na FBN com plantas não leguminosas. Soil Biology and Biochemistry 29: 911-922.

- Baldiani, J.I., V.L.D. Baldiani, L. Seldin e J. Dobereiner, 1986. Caracterização de *Herbaspirillum seropedica* gen. nov. sp. nov. uma bactéria fixadora de nitrogênio associada à raiz. Int. J. Syst. Bacteriol., 36: 86-93.

- Baldiani, V.L.D., e J. Dobereiner, 1980. Especificidade planta-hospedeiro na infeção do trigo por *Azospirillum spp*. Soil. Biol. 12: 433-439. Barbieri P, Zanelli T, Galli E, Zanetti G 1986: Inoculação de trigo com *Azospirillum brasilense* Sp6 e alguns mutantes alterados na fixação de nitrogênio e produção de ácido indol-3-acético. FEMS Microbiol. Lett 36:87-90.

- Barraquio WL, Ladha JK, Watanabe I (1983) Isolamento e identificação de *Pseudomonas* fixadoras de azoto associadas ao arroz de várzea. Can J Microbiol 29:867-873.

- Barraquio, W.L., Revilla, L. e Ladha, J.K. 1997. Isolamento de bactérias endofíticas de arroz de terras húmidas. Plant Soil, 194: 15-24. Basetmia, M.A., Shamsuddin, Z.H. e Maziah Mahmood, 2010. Utilização de bactérias promotoras do crescimento de plantas na banana: A New Insight for Sustainable Banana Production. Revista internacional de agricultura e biologia. ISSN Print: 1560-8530; ISSN Online: 1814-9596.

- Bashan, Y., 1998. Inoculantes de bactérias promotoras do crescimento de plantas para utilização na agricultura. Biotechnol. Adv. 16:729-770.

- Begg's, C. J., e E. Welmann, 1985. Analysis of light controlled Anthocyanin synthesis in Coleoptiles of *Zea mays* L. The role of UV, blue red and far red light. Journal of Phytochemistry and Phytobiology. 41: 481 - 486.

- Bell, C.R., Dickie, G.A., Harvey, W.L.G. e J.W.Y.F. Chan, 1995. Bactérias endofíticas na videira. Can. J. Microbiol. 41:46- 53.

- Berendsen, R.L., Pieterse, C.M.J. e P.A.H.M. Bakker, 2012. O microbioma da rizosfera e a saúde das plantas. Tendências em Ciências Vegetais 17: 478 - 486.

- Bilal R, Malik KA (1987) Isolamento e identificação de uma bactéria formadora de zooglobulias fixadora de N2 a partir de histoplano de grama kallar. J. Appl Bacteriol 62: 289-294.

- Bilal R, Rasul G, Qureshi JA, Malik KA (1990b) Characterization of *Azospirillum* and related diazotrophs associated with roots of plants growing in saline soils. World J Microbiol Biotechnol 6:46-52.

- Brandl, M., e R. Amundson, 2008. A idade da folha como fator de risco na contaminação da alface com *Escherichia coli* O157:H7 e Salmonella enterica. Applied and Environmental Microbiology. 74: 2298-2306.

- Brown, M.E. 1972. Substâncias de crescimento vegetal produzidas por microrganismos do solo e da rizosfera. J. Appl. Bacteriol. 35,

443-451.

- Burdman, S., Jurkevitch, E., e Y. Okon, 2000. Avanços recentes na utilização de rizobactérias promotoras do crescimento de plantas (PGPR) na agricultura, em: Microbial Interactions in Agriculture and Forestry.

- Carl Linnaeus, 1753. Species Plantarum.

- Cavalcante, V.A. e J. Dobereiner, 1998. Uma nova bactéria fixadora de nitrogênio tolerante a ácidos associada à cana-de-açúcar. Pl. Solo, 108:23-31.

- Chanway, C. P. 1995. Endofíticos: não são apenas fungos. Can. J. Microbiol. 74:321-322.

- Chanway, C. P., R. Hynes e L. M. Nelson, 1989. Rizobactérias promotoras do crescimento das plantas: efeitos sobre o crescimento e a fixação do azoto da lentilha (*Lens esculenta* Moench) e da ervilha (*Pisum sativum* L.). Soil Biology and Biochemistry, 21: 511-517.

- Chaudhari, B.K., e N.J. Vihol, 2011. Eficácia de biofertilizantes e fertilizantes no crescimento e rendimento de brinjal cv. GOB-1. The Asian Journal of Horticulture, Vol 6; No.1, 41-42.

- Chelius, M. K., e E. W. Triplett, 2000. Immunolocalization of dinitrogenase reductase produced by *Klebsiella pneumoniae* in association with Zea mays L. Applied and Environmental Microbiology, 66(2), 783-787.

- Compant S, Duffy B, Nowak J, Cl C & Barka EA (2005a) Use of plant growth-promoting bacteria for biocontrol of plant diseases: principles, mechanisms of action, and future prospects. Appl Environ Microbiol 71: 4951-4959.

- Costa JM & Loper JE (1994) Caracterização da produção de sideróforos pelo agente de controlo biológico *Enterobacter cloacae*. Mol Plant Microbe Interact 7: 440-448.

- Czaban, J. A. Gajda, B. Wroblewska, 2007. A Motilidade de Bactérias da Rizosfera e de Diferentes Zonas de Raízes de Trigo de inverno. Polish J. of Environ. Stud. Vol. 16, No. 2,301-308.

- Denise K. Zinniel, Pat Lambrecht, N. Beth Harris, Zhengyu Feng, Daniel Kuczmarski, Phyllis Higley, Carol A. Ishimaru, Alahari Arunakumari, Raul G. Barletta e Anne K. Vidaver, 2002. Isolamento e Caracterização de Bactérias Colonizadoras Endofíticas de Culturas Agronómicas e Plantas de Pradaria. Applied and Environmental Microbiology, p. 2198-2208 Vol. 68, No.

- Dobbelaere S, e Y. Okon, 2007. O efeito promotor do crescimento das plantas e a resposta das plantas. In: Elmerich C, Newton WE(eds) Associative and endophytic nitrogen-fixing bacteria and cyanobacterial associations. Springer, Dordrecht, PP-145- 170.

- Dobbelaere, S., Croonenborghs, A., Thys, A., Ptacek, D., Vanderleyden, J., Dutto, P., Labandera-Gonzalez, C., Caballero-Mellado, J., Aguirre, J.F., Kapulnik, Y., Brener, S., Burdman, S., Kadouri, D., Sarig, S., e Okon, Y., 2001, Responses of agronomically important crops to inoculation with Azospirillum, Aust. J. Plant Physiol. 28:871-879.

- Dobbelaere, S., Croonenborghs, A., Thys, A., Vande Broek, A. e J. Vanderleyden, 1999. Efeito fitoestimulador do tipo selvagem de *Azospirillum brasilense* e estirpes mutantes alteradas na produção de IAA no trigo. Plant Soil, 212: 155-164.

- Dobbelaere, S., Vanderleyden, J., e Y. Okon, 2003. Efeitos promotores do crescimento de plantas de diazotrofos na rizosfera, Crit. Rev. Plant Sci. 22:107-149.

- Dobereiner, J.1992b. História e novas perspectivas das bactérias diazotróficas em associação com plantas não leguminosas. Symbiosis 13:1-13.

- Dobereiner, J.1992a. Mudanças recentes nos conceitos das interações planta-bactéria: Bactérias endofíticas fixadoras de N2. Ciênciae cultura 44: 310-313.

- Dobereiner, J. Baldani, V.D.L., Olivares, F.L. e V.M. Reis, 1994. Diazotróficos endofíticos: A chave para as gramíneas. In: "Fixação de nitrogênio em não leguminosas".

- Doebereiner, J., e F.O., Pedrosa, 1987. Nitrogen-Fixing Bacteria in Nonleguminous Crop Plants. Science Tech, Nova Iorque.

- Eady RR (1992) As bactérias fixadoras de dinitrogénio. In: Balows A, Troper HG, Dworkin M, Harder W, Schleifer K (eds) The prokaryotes, vol 1, 2nd edn. Springer, Berlim Heidelberg Nova Iorque, pp 534- 553.

- Elmerich C, Zimmer W, Vieille C (1992) Associative nitrogen fixing bacteria. In: Stacey G, Burris RH, Evans HJ (eds) Biological nitrogen fixation. Chapman and Hall Inc, Nova Iorque, pp 212- 258.

- Elvira-Recuenco, M. e JW. Van Vuurde, 2000. Incidência natural da população de bactérias endofíticas em cultivares de ervilha em condições de campo. Can. J Microbiol.Nov;46(11):1036-41.

- Faeth, S. H., e W. F. Fagan, 2002. Fungal endophytes: Simbiontes de plantas hospedeiras comuns mas mutualistas invulgares. Integrative and Comparative Biology, 42(2), 360-368.

- Fernando Dini Andreote, Welington L. de Araujo, Joao L. de Azevedo, Jan Dirk van Elsas, Ulisses Nunes da Rocha e Leonard S. van Overbeek, 2009.Endophytic colonization of potato (*Solanum tuberosum* L.) by a Novel Competent Bacterial Endophyte, *Pseudomonas putida* Strain P9, and Its effect on Associated Bacterial Communities. Appl. Environ. Microbiol. 75(11):3396.

- Fikrettin Sahin, Ramazan Çakmakçi e Faik Kantar, 2004. Produções de beterraba sacarina e cevada em relação à inoculação com bactérias fixadoras de N2 e solubilizadoras de fosfato. Plant and Soil 265: 123- 129.

- Fisher, P J., Petrini, O., e HM. Lappin Scott.1992. A distribuição de alguns endófitos fúngicos e bacterianos no milho (Zea mays L.) New Phytol. 122, 299-305.

- Organização das Nações Unidas para a Alimentação e a Agricultura (FAO). Período do relatório: 2005.

- Food safety and standard authority of India, Ministério da saúde e do bem-estar familiar, Governo da Índia, Nova Deli, 2012. Manual de laboratório 5: FSSAI, Manual methods of analysis of foods for fruits and vegetables.

- Frommel MI, Nowak J, Lazarovits G (1991) Growth enhancement and developmental modifications of in vitro grown potato affected by nonfluorescent Pseudomonas sp. Plant Physiol 96: 928- 936.

- Furnkranz, M., Lukesch, B., Muller, H., Huss, H., Grube, M., e G. Berg. 2012. Microbial diversity inside pumpkins: microhabitat-specific communities display a high antagonistic potential against phytopathogens. Microb. Feb: 63(2):418- 428.

- Gagne, S., C. Richard, H. Rousseau, e H. Antoun. 1987. Xylem-residing bacteria in alfalfa roots. Can. J. Microbiol. 33: 996-1000.

- Garbeva, P., Overbeek, L. S., Vuurde, J. W. L., e J. D. Elsas, 2001. Análise das comunidades bacterianas endofíticas da batata por plaqueamento e eletroforese em gradiente desnaturante (DGGE) de fragmentos de PCR baseados no 16SrDNA. Microbial Ecology 41: 369 - 383.

- Gholami, S., Shahsavani, e S. Nezarat, 2009. O efeito das rizobactérias promotoras do crescimento das plantas (PGPR) na germinação, crescimento das plântulas e rendimento do milho. Revista Internacional de Ciências Biológicas e da Vida 5:1.

- Gorden, S.A., e L.A., Paleg, 1957. Quantitative measurement of IAA. Plant Physiol. 10: 347-348.

- Guo J., Tang S., Ju X., Ding Y., Liao S. e N. Song, 2011. Efeitos da inoculação de uma rizobactéria promotora do crescimento vegetal *Burkholderia* hyperaccumulator Sedum alfredii Hance cultivada em solo contaminado com múltiplos metais. Jornal Mundial de Microbiologia e Biotecnologia. 27:2835-2844.

- Hallmann J, Quadt-Hallmann A, Mahaffee WF & Kloepper JW (1997) Bacterial endophytes in agricultural crops. Can J Microbiol

43: 895-914.

- Hallmann, J., A. Quadt-Hallmann, W. F. Mahaffee, e J. W. Kloepper. 1997 a. Bacterial endophytes in agricultural crops. Can. J. Microbiol. 43:895-914.

- Halverson, L. J. e J. Handelsman,1991. Melhoria Halverson da nodulação da soja por *Bacillus cereus* UW85 no campo e numa câmara de crescimento. Appl. Environ. Microbiol. 57:2767- 2770.

- Hernandez Perez, P., e L. J. Dutoit. 2006. *Cladosporium* variabile e *Stemphylium botryosum* transmitidos por sementes em espinafre. Plant Disease. 90:137-145.

- Hornschuh, M., Grotha, R., e U. Kutschera, 2002. Bactérias epifíticas associadas ao briófito Funaria hygrometrica: Efeitos de estirpes de methylobacterium - desenvolvimento de protonema. Biologia Vegetal, 4(6), 682-687.

- Hudson, A. O., Ahmad, N. H., Van Buren, R., e M. A. Savka, 2010. Bactérias endofíticas da cana-de-açúcar e da videira: Isolamento, deteção de sinais de deteção de quorum e de bactérias endofíticas sp. D54 no crescimento da planta e na absorção de metais por uma identificação por 16S e análise de sequência de rDNA. Tópicos actuais de investigação, tecnologia e educação aplicada em Microbiologia Aplicada e Biotecnologia Microbiana.

- Inés E. García de Salamonea, Juan M. Funesa, Luciana P. Di Salvoa, Jhovana S. Escobar-Ortegaa, Florencia D'Auriaa, Lucia Ferrandob, Ana Fernandez-Scavinob, 2012. Inoculação de arroz em casca com *Azospirillum brasilense* e Pseudomonas fluorescens: Impacto dos genótipos de plantas nas comunidades microbianas da rizosfera e na produção de culturas de campo. Applied Soil Ecology 61:196- 204.

- Jacobs, M. J., W. M. Bugbee, e D. A. Gabrielson. 1985. Enumeração, localização e caraterização de bactérias endofíticas em raízes de beterraba sacarina. Can. J. B Jacobson, CB., Pasternak, JJ., e BR. Glick,1994. Purificação parcial e caraterização da 1-amino-ciclopropano-1-carboxilato desaminase da rizobactéria promotora do crescimento de plantas *Pseudomonas putida* GR 12-2. Can. J. microbial. 40:1019-1025.

- James, E. K. 2000. Fixação de nitrogénio em simbiose endofítica e associativa. Field Crops Research, 65(2-3), 197-209.

- James, E.K., Olivares, F.L., 1998. Infeção e colonização de cana-de-açúcar e outras gramíneas por diazotrofos endofíticos. Crit. Rev. Plant Sci. 17, 77-119.

- James, E.K., Olivares, F.L., Baldani, J.I. e J. Dobereiner, 1997. *Herbaspirillum*, um diazotrófico endofítico que coloniza o tecido vascular em folhas de *Sorghum bicolor* L. Moench. Journal of Experimental Botany 48:785-797.

- Jeevajothi L, Mam AK, Pappiah CM e Rajagopalan R. Influência de N, P, K e *Azospirillum* no rendimento da couve. South Indian Hort. (1993). I: 270-272.

- Julia, A., e Vorholt, 2012. Vida microbiana na filosfera. Nature Reviews Microbiology 10, 828-840.

- Khakipour, N. K. Khavazi, H. Mojallali, 1 2 3 3E. Pazira e 2H. Asadirahmani, 2008. Produção da Hormona Auxina por Pseudomonas Fluorescentes. American-Eurasian J. Agric. & Environ. Sci., 4 (6): 687-692.

- Kami, I.A., Zargar, M.Y., e M.A. Chattoo, 2002.Effect of microbial inoculants, chemical nitrogen and their combination on brinjal (*Solanum melongena* L.) Veg. Sci. 29 (I) 87-89.

- Kiran, J., Vyakaranahal, B.S., Raikar, S.D., Ravikumar, G.H., e V.K. Deshpande, 2010.Seed yield and quality of brinjal as influenced by crop nutrition. Indian J. Agric. Res., 44 (1):1-7. Vol - 63:1262- 1265

- Kloepper, J.W., Schroth, MN. e T.D. Miller, 1980. Efeitos da colonização da rizosfera colonização por planta crescimento rizobactérias promotoras do crescimento de plantas no desenvolvimento e rendimento da batata. J. of Ecology and

Epideminology.

- Kloepper, J.W., Zablotowicz, R.M., Tipping, E.M., e R. Lifshitz, 1991. Promoção do crescimento de plantas mediada por bactérias colonizadoras da rizosfera. In: Keister, D.L., Cregan, P.B. (Eds.), The Rhizosphere and Plant Growth. Kluwer Academic Publishing, Dordrecht, pp. 315-326.

- Kobayashi, D. Y., e J. D. Palumbo. 2000. Bacterial endophytes and their effects on plants and uses in agriculture, p. 199- 233. Em C. W. Bacon e J. F. White (ed.), Microbial endophytes. Marcel Dekker, Inc., Nova Iorque, N.Y.

- Kumar, K. B., e Khan, P. A. (1982). Peroxidase e polifenol oxidase em folhas de ragi (Eleusine coracana cv. PR 202) excisadas durante a senescência. Indian J. Exp. Bot., 20: 412-416.

- Lamb, T. G., D. W. Tonkyn, e D. A. Kluepfel. 1996. Movement of *Pseudomonas aureofaciens*. *Pseudomonas aureofaciens* da rizosfera para o tecido aéreo das plantas. Can. J. Microbiol. 42:1112-1120.

- Leben, C., G. C. Daft, e A. F. Schmitthenner. 1968. Bacterial blight of soybeans: population levels of *Pseudomonas glycinea* in relation to symptom development. Phytopathology 58:1143-1146.

- Leinhos, V. e O. Vacek, 1994. Biossíntese de auxinas por rizobactérias solubilizadoras de fosfato de trigo e centeio. Microbiol. Res., 149: 31-35.

- Lodewyckx, C., Vangronsveld, J., e F. Porteus, 2002. Bactérias endofíticas e suas potenciais aplicações. Crit. Rev. Plant Sci. 21: 583-606.

- Long, S. R. (1989). Rhizobium-Legume Nodulation - Life Together in the underground. Cell, 56(2), 203-214.

- López-López, A., Rogel, M.A., Ormeño-Orrillo, E., Martínez-Romero, J., e E. Martínez-Romero,2010. *Phaseolus vulgaris* seed- borne endophytic community with novel bacterial species such as *Rhizobium endophyticum* sp. nov. Syst. Appl. Microbiol.

33, 322-327.

- Lowry, OH., Rosenbrough, NJ., Farr, A., e RJ. Randall, 1951. Medição de proteínas com o reagente de fenol Folin. J. BiolChem.193:265-75.

- Lucy, M., Reed, E., e B.R. Glick, 2004. Applications of free living plant growth promoting rhizobacteria, Antonievan Leeuwenhoek, 86:1-25.

- Maria Bintang, Ukhradiya M. Safira, Dwi Endah Kusumawati, Fachriyan H. Pasaribu e Tjandragita Sidhartha, 2014. Análise da sequência 16S rRNA do isolado BS1 de bactérias endofíticas do caule *de Piper betle* [L.]. Conferência Internacional de Ciências Agrárias, Ambientais e Biológicas, 24 a 25 de abril.

- Mark, J., Jacobs, William, M., Bugbee, David, A., Gabrielson, 1985. Enumeração, localização e caraterização de bactérias endofíticas em raízes de beterraba sacarina. Canadian Journal of Botany, 63(7): 1262-1265.

- Marquez-Santacruz, H.A., Hernandez-Leon, R., Orozco-Mosqueda, M.C., Velazquez-Sepulveda, I. e G. Santoyo, 2010. Diversidade de endófitos bacterianos em raízes de plantas de tomateiro de casca mexicana (*Physalis ixocarpa*) e sua deteção na rizosfera. Genet. Mol. Res. 9 (4): 2372-2380.

- Mbai, FN., Magiri, E.N., Matiru, V.N., Nganga, J., e V.C.S. Nyambati, 2013. Isolamento e Caracterização de Endófitos de Raiz Bacteriana com Potencial para Melhorar o Crescimento das Plantas do Arroz Basmati Queniano. Revista Internacional Americana de Pesquisa Contemporânea Vol. 3.

- Misaghi IJ, Donndelinger CR (1990) Endophytic bacteria in symptom-free cotton plants. Fitopatologia 80:808-811.

- Mishra, PK., Mishra, S., Selvakumar, G., JK, Bisht., Kundu, S., e HS. Gupta, 2009. A co-inoculação de *Bacillus thuringeinsis*- KR1 com *Rhizobium leguminosarum* melhora o crescimento das plantas e a nodulação da ervilha (*Pisum sativum* L.) e da lentilha (*Lens culinaris* L.). World J. Microbiol. Biotechnol. 25:753-761.

- Misko, A.L. e JJ. Germida, 2002. Diversidade taxonómica e funcional de pseudomonadas isoladas das raízes de canola cultivada no campo. Fems Microbiol Ecol. 42: 399-407.

- Monique, A., Surette, Antony, V., Sturz, Rajasekaran, R., Lada, e Jerzy Nowak. Bacterial endophytes in processing carrots (*Daucus carota* L. var. *sativus*): their localization, population density, biodiversity and their effects on plant growth. Plant and Soil 253:381-390, 2003.

- Morris, DL., 1948. Determinação quantitativa de hidratos de carbono com o reagente de antrona de Dreywood. Science. Mar 5; 107(2775): 254-255.

- Murty, M. G., e Ladha, J. K. (1988). Influência da inoculação *de Azospirillum* na absorção de minerais e no crescimento do arroz em condições hidropónicas. Plant Soil108: 281-285.

- Natarajan Amaresan, Velusamy Jayakumar, Krishna Kumar e Nooruddin Thajuddin, 2012. Isolamento e caraterização de bactérias endofíticas promotoras do crescimento de plantas e o seu efeito no crescimento de plântulas de tomate (*Lycopersicon esculentum*) e malagueta (*Capsicum annuum*). Ann. Microbiol. 62:805-810.

- Nelson, LM. 2004. Rizobactérias promotoras do crescimento das plantas (PGPR): perspectivas para novos inoculantes. Crop Manage. doi: 10.1094/CM -2004-0301-05-RV.

- Okon, Y., e C. A. Labandera-Gonzalez, 1994.Agronomic applications of *Azospirillum*: an evaluation of 20 years' worldwide field inoculation. Soil Biol. Biochem.26:1591-1601.

- Okon, Y. 1985. *Azospirillum* como um potencial inoculante para a agricultura. Trends Biotechnol. 3:223-228.

- J. Olivares, F.L., Baldani, V.L.D., Reis, V.M., Baldani, J.I. e

Dobereiner, (1996). Ocorrência dos diazotrofos endofíticos *Herbaspirillum* sp. em raízes, caules e folhas, predominantemente de Gramíneas. Biology and Fertility of Soils 21:197-200.

- Omaye, S.T., Turbull, T.P., e HC. Sauberchich, 1979. Métodos selecionados para a determinação do ácido ascórbico em células, tecidos e fluidos. Methods of Enzymol. 6: 3-11.

- Pandey, P., e DK. Maheshwari,2007. Consórcio microbiano de duas espécies para a promoção do crescimento de *Cajanus cajan*. Curr. Sci. 92:1137-1142.

- Parmar, N. e K. R. Dadarwal, 1999. Stimulation of nitrogen fixation and induction of flavonoid-like compounds by rhizobacteria. Journal of Applied Microbiology, 86: 36-44.

- Patriquin, D. G., e J. Dobereiner. 1978. Observações em microscopia ótica de bactérias redutoras de tetrazólio na endorrizosfera de milho e outras gramíneas no Brasil. Can. J. Microbiol. 24:734-742.

- Pham Quang Hung e K. Annapurna, 2004. Isolamento e caraterização de bactérias endofíticas em soja (*Glycine* sp.) Arroz Omon 12: 92-101.

- Phyllis Ann Carder, 2010.Comunidades microbianas de espinafres em várias fases de crescimento da planta, desde a semente até à maturidade.

- Pirttila A, Joensuu P, Pospiech H, Jalonen J. & Hohtola A (2004) Os endófitos de rebentos de pinheiro silvestre produzem derivados de adenina e outros compostos que afectam a morfologia e atenuam o escurecimento das culturas de calos. Physiol Plant 121: 305-312.

- Pradeepa, V e Jennifer, M. 2013. Triagem e Caracterização de Bactérias Endofíticas Isoladas da planta *Tabernaemontana divaricata* para produção de citocinina. Artigo de pesquisa. Advanced Bio Tech. ISSN: 2319-6750 Vol.13

- Prasad Gyaneshwar, Euan James, K., Natarajan Mathan, Pallavolu Reddy, M., Barbara Reinhold-Hurek e K. Jagdish Ladha, 2001. Endophytic Colonization of Rice by a Diazotrophic strain of *Serratia marcescens* (Colonização endofítica do arroz por uma estirpe diazotrófica de *Serratia marcescens*). J. Bacteriol. 2001, 183(8):2634- 2645.

- Quadt-Hallmann, J. Halmann, e J.W. Kloepper. 1997. Bacterial endophytes in cotton: and interaction with other plant associated bacteria. Can. J. Microbiol.43:254-259.

- Rajendran, J. Sing, F., Desai, AJ., e G. Archana, 2008. Crescimento melhorado e nodulação de ervilha-de-angola por co-inoculação de estirpes *de Bacillus* com *Rhizobium* Spp. Bio resource Technol.Jul;99(11):4544-50.

- Ramesh, R., Joshi, A.A., e M.P. Ghanekar,2009. Pseudomonas: principais bactérias antagonistas    bactérias endofíticas para suprimir o patógeno da murcha bacteriana, *Ralstonia olanacearumin* a berinjela (*Solanum melongena L.*). World J. Microbiol 25:47-55.

- Rasul G, Mirza M. S, Latif F, Malik K.A. (1998) Identification of plant growth hormones produced by bacterial isolates from rice, wheat and kallar grass. In: Malik K.A., Mirza M.S., Ladha JK (eds) Nitrogen fixation with non-legumes. Kluwer, Dordrecht, pp 25-37.

- Rennie, RJ. 1980. Dinitrogen-fixing bacteria: computer-assisted identification of soil isolates. Can J Microbiol 26:1275-1283.

- Robert P. Ryan, Keiran Germaine, Ashley Fanks, David J. Rayan e David N. Dowling. 2007. Bacterial endophytes recent developments and application.

- Roos, I.M.M., e M.J. Hattingh, 1983. Microscopia eletrónica de varrimento de *Pseudomonas syringae* pv. mors-pmnorum em folhas de cerejeira doce. Phytopathol. Z. 108: 18 -25.

*   Rumpa Biswas Bhattacharjee, Q b a l  Singh e S.N. Mukhopadhyay, 2008. Utilização de bactérias fixadoras de azoto como biofertilizante para não leguminosas: perspectivas e desafios. Appl. Microbiol. Biotechnol. 80:199-209.

*   Rupa Giri e Surjit Singh Dudeja, 2013. colonização radicular de bactérias endofíticas de raízes e nódulos em plantas leguminosas e não leguminosas cultivadas em meio líquido. Jornal de Pesquisa e Revisões de Microbiologia. Vol. 1(6): 75-82.

*   Samavat, S. Samavat, S. Mafakheri e M. Javad Shakouri, 2012. Promoção do crescimento do feijão comum e da fixação de nitrogénio através da co-inoculação de isolados de *Rhizobium* e *Pseudomonas fluorescens*. Jornal búlgaro de ciências agrícolas, 18 (n.º 3) 2012, 387-395.

*   Samrah Tariq, Ruqqaya Khan, Viqar Sultana, Jehan ARA e Syed Ehteshamul-Haque, 2009. Utilização de endo-raiz

*   *Pseudomonas* fluorescentes da malagueta para a gestão de doenças radiculares da malagueta. *Pak. J. Bot.*, 41(6): 3191-3198.


*   Sandeep. C., Venkat, R., Raman, A., Radhika, M., Thejas, MS., Sanjeev Patra, Tejaswini Gowda, Suresh, C.K., e S.R. Mulla, 2011. Efeito da inoculação de isolados de *Bacillus megaterium* no crescimento, biomassa e teor de nutrientes da hortelã-pimenta. Journal of Phytology, 3(11): 19-24.

*   Schaad, N. W. 1980. Laboratory Guide for the Identification of Plant Pathogenic Bacteria. The American Phytopathological Society, St. Paul, MN. 72 pp. (p. 3).

*   Schloter, M., G. Kirchhof, U. Heinzmann, J. Dobereiner e A. Hartmann, 1994. Estudos imunológicos da colonização de raízes de trigo por *Azospirillum brasilense* estirpes SP7 e SP245 usando anticorpos monoclonais específicos de

estirpe. In: Fixação de azoto com não leguminosas. Hegazi, N.A., Fayez, M., e Monib, M., Eds., pp:291-297.

- Sethi, S.K., e S.P. Adhikary, 2009. Eficácia do crescimento vegetativo de estirpes de *Azotobacter* específicas da região e rendimento de *Solanum melongena, Lycopersicum esculentum* e *Capsicum annuum*. Journal of Pure and Applied Microbiology 2009 Vol. 3 No.1 . pp. 331-336.

- Shishido M, Loeb BM, Chanway CP (1995) Colonização externa e interna das raízes de plântulas de pinheiro-manso por duas estirpes de *Bacillus* promotoras de crescimento originárias de diferentes microssítios radiculares. Can J Microbiol 41:707-713.

- Shukla, V e Naik LB (1993). Agro-techniques of solanaceous vegetables, in 'Advances in Horticulture', Vol.5, Vegetable Crops, Part 1 (K. L. Chadha and G. Kalloo, eds.), Malhotra Pub. House, New Delhi, p. 365.

- Singh, J.K., Anant Bahadur, Singh, NK., e T.B., Singh. 2010. Efeito da utilização de níveis variáveis de npk e biofertilizantes no crescimento vegetativo e na produção de quiabo (*Abelmoschus esculentus*(L.) MOENCH). Veg. Sci. 37(1):100-101.

- Stephane Compant, Birgit Reiter, Angela Sessitsch, Jerzy Nowak, Christophe Clément e Essaïd Ait Barka, 2005. Colonização endofítica de *Vitis vinifera* L. *Burkholderia* sp. Estirpe Ps JN por bactérias promotoras do crescimento de plantas. Appl. Environ. Microbiol. 71(4):1685-1693.

- Sturz, A. V., Christie, B. R. e J. Nowak, 2000. Bacterial endophytes: Potential role in developing sustainable systems of crop production. Crit. Rev. Plant Sci. 19:1-30.

- Surette, M.A., Sturz, AV., Lada, R.R. e J. Nowak, 2003. Endófitos bacterianos em cenouras de processamento (*Daucus carota* L. var. *sativus*): A sua localização, densidade populacional, biodiversidade e os seus efeitos no crescimento das plantas. Plant and Soil 253: 381 - 390.

- Tadych, M. e J. F. White, 2009. Endophytic Microbes, páginas 431-442.

- Tian Xue-liang, 2006-2008. (Instituto de Ciência e Tecnologia de Henan, X i n x i a n g , Henan 453003) Isolamento e identificação de bactérias endofíticas de sementes e mudas de pepino. Jornal de Ciências Agrícolas de Anhui.

- Ting, ASY, Meon, S., Kadir, J., Radu, S., e G. Singh, 2008. Microorganismos endofíticos como potenciais promotores de crescimento da bananeira. Bio-Controlo 53:541-553.

- Tripathi, J.1., Singh, Tiwari, A. K., e Menaka, 2013. Eficácia comparativa de diferentes isolados de *Azospirillum* na fixação de azoto e no rendimento e caracteres de atribuição de rendimento do tomate em Chhattisgar. Revista Africana de Investigação Microbiológica. Vol.7(28). pp. 3615-3620, 12 de julho.

- Ulrich, K., Ulrich, A., e D. Ewald,2008. Diversidade da comunidade bacteriana endofítica no crescimento popular em condições de campo. FEMS Microbiol. Eco.163:169-180.

- Urquiaga, S., Cruz, K. H. S., e R. M. Boddey, 1992. Contribuição da fixação de nitrogênio para a cana-de-açúcar - N-15 e nitrogênio

- estimativas de balanço. Soil Science Society of America Journal, 56(1), 105-114.

- Verma SC, Ladha JK e Tripathi AK (2001) Avaliação da capacidade de promoção do crescimento vegetal e de colonização de diazotrofos endofíticos do arroz de águas profundas. *J Biotechnol* 91: 127-141.

- Vermeiren H, Willems A, Schoofs G, de Mot R, Keijers V, Hai

W, Vanderleyden J (1999) A estirpe inoculante de arroz *Alcaligenes faecalis* A15 é uma *Pseudomonas stutzeri* fixadora de azoto. Syst. Appl Microbiol 22:215-224.

- Vessey, J. K., 2003, Plant growth promoting rhizobacteria as biofertilizers, *Plant Soil* 255:571-586.

- Vessey, J.K., 2003. Rizobactérias promotoras do crescimento das plantas como biofertilizantes. Plant and Soil. 255:571-586.43.

- Wakelin S, Warren R, Harvey P & Ryder M (2004) Phosphate solubilization by *Penicillium* spp. closely associated with wheat roots. Bio Fert Soils 40: 36-43.

- Wani, S.P., 1990. Inoculação com bactérias fixadoras de azoto associativas: Papel na melhoria da produção de grãos de cereais. Indian J. Microbiol. 30, 363-393.

- Watanabe I, So R, Ladha JK, Katayama-Fujimura Y, Kuraishi H. (1987) Uma nova espécie de pseudomonada fixadora de azoto: *Pseudomonas diazotrophicus* sp. nov. isolada da raiz de arroz de zonas húmidas. Can J Microbiol 33:670-678.

- Weber, O.B., Baldani, V.L.D., Teixeira, K.R.S., Kirchhof, G., Baldani, J.I., e J. Dobereiner, 1999. Isolamento e caraterização de bactérias diazotróficas de plantas de banana e pinha. Plant and Soil 210:103-113.

- Wilson D. 1995. Endophyte: the evolution of a term, and clarification of its use and definition. *Oikos* 73: 274-276.

- Xu, D., Xiuying, XIA, Na XU, e AN. Lijia, 2007. Isolamento e identificação de uma nova estirpe bacteriana endofítica com atividade antifúngica do mirtilo selvagem Vaccini umuliginosum. Anal Microbiol 57:673-676.

- Yang, C.-H., Crowley, D., Borneman, E.J., e N. T. Keen, 2001. As populações microbianas da filosfera são mais complexas do que se pensava. *PNAS*. 98:3889-3894.

- Yaseem, T., Hameed, S., Tariq, M., e J. Iqbal J 2012a. *Vigna radiata* Root Nodule Associated Mycorrhizae and its Helping Bacteria for Improving Crop Productivity. Pak. J. Bot. 44:87- 94.

- Yasmeen, T., Hameed, S., Tariq, M., e S. Ali, 2012b. Significância dos simbiontes micorrízicos e bacterianos arbusculares numa associação tripartida com *Vigna radiata*. Ata Physiol.

- Yingwu Shi, Kai Lou e Chun Li, 2009. Isolamento, distribuição quantitativa e caraterização de microrganismos endofíticos na beterraba sacarina. Revista Africana de Biotecnologia Vol. 8 (5), pp. 835-840.

- Yingwu Shi; Kai Lou; Chun Li, 2010. Promoção do crescimento e da eficiência fotossintética da beterraba sacarina (Beta vulgaris L.) por bactérias endofíticas. photosynthesis Research; July, Vol. 105 Issue 1, p5, Academic Journal.

- Yong Wan, Shenglian Luo, Jueliang Chen, Xiao, Liang Chen, Guangming Zeng, Chengbin Liu e Yejuan He, 2012. Efeito da infeção por endófitos nos parâmetros de crescimento e na fitotoxicidade induzida por Cd do hiperacumulador de Cd *Solanum nigrum* L. Chemosphere 89 :743-750.

- Yordi, D.M., e K.L. Ruoff, 1981. Redução dissimilatória de nitrato a amoníaco. PP. 171-190. In dinitrification, nitrification and atmospheric nitrous oxide. C.C. Delviche, Ed. John Wiley and sons, Nova Iorque.

- Zehra Ekin, Faruk Oguz, Murat Erman e Erdalogun, 2009.O efeito da *inoculação* de *Bacillus* sp. OSU-142. Inoculação em vários níveis de fertilização com azoto no crescimento, distribuição de tubérculos e rendimento da batata (*Solanum tuberosum* L.). African Journal of Biotechnology Vol. 8 (18), pp. 4418-4424, 15 de setembro.

- Zhou Gang-Quan, Zhang Xiu-Dong, Liu Qiong-Guang e Feng

Hang, 2007. A dinâmica das bactérias endofíticas em diferentes fases de crescimento do tomateiro e o controlo biológico da murchidão bacteriana do tomateiro.

- Zhou, F.Y. e C.B. You, 1988. Interação entre a bactéria diazotrófica *Alcaligenes faecalis* e a planta hospedeira arroz. *Sci. Agric. Sinica*, 21:7-13.
- Zolg, W., e JCG. Ottow, 1975. *Pseudomonas glathei sp.* nov. um novo bastonete necrófago isolado de relíquias lateríticas ácidas na Alemanha. Z. Allg Mikrobiol 15:287-299.

Printed by Books on Demand GmbH, Norderstedt / Germany